Julian Leitloff & Caspar Schlenk

KEIN HORN

*Was es wirklich heißt,
ein Start-up zu gründen*

Campus · Frankfurt/New York

ISBN 978-3-593-51254-9 Print
ISBN 978-3-593-44475-8 E-Book (PDF)
ISBN 978-3-593-44486-4 E-Book (EPUB)

Umschlaggestaltung: studioheyhey, Frankfurt am Main
Layoutentwurf: studioheyhey, Frankfurt am Main
Satz: Oliver Schmitt, Mainz
Gesetzt aus: Maison Neue, ABC Gravity
Druck und Bindung: Beltz Grafische Betriebe GmbH, Bad Langensalza
Printed in Germany

www.campus.de

INHALT

KEINHORN

VON KATZEN UND KAMPF-FLIEGERN

Für fast jeden Sachverhalt gibt es eine Studie. Schon 1987 kamen Wissenschaftler zu der Erkenntnis, dass sich Katzen, die aus dem sechsten Stockwerk fallen, weniger stark verletzen als andere Katzen, die aus dem fünften, vierten, dritten oder zweiten Stock stürzen. Eine logische Erklärung war ebenfalls schnell zur Hand. Die Tiere schaffen es ab einer Flughöhe von Stockwerk sechs, sich besser zu entspannen – und verkraften den Aufprall auf dem harten Boden besser.

Was hat das, bitte, mit einer Gründung zu tun?

Sehr viel. Denn 20 Jahre nach der ersten Studie fiel amerikanischen Journalisten auf, dass die Ergebnisse verfälscht sein könnten. Viele Katzen, die aus dem sechsten Stock oder höher gefallen waren, wurden von ihren mit Trauer erfüllten Besitzern wahrscheinlich gar nicht zum Tierarzt gebracht. Aus einem einfachen Grund: weil sie tot waren. Damit flossen diese Katzen auch nicht in die Statistik ein. Das Phänomen nennt sich auch Survivorship-Bias. Der Überlebende erzählt die Geschichte und bestimmt die Statistik.

Ich habe lange drüber nachgedacht (und ein bisschen auf Wikipedia gelesen). In fast jedem Lebensbereich schlägt dieser Survivorship-Bias zu. Der gefeierte Bergsteiger erzählt die Geschichte über den Aufstieg zum Mount Everest und nicht der, dessen Skelett irgendwo unten in einer Felsspalte hängt. In der Wirtschaft wird der Gewinn von Investmentfonds überschätzt, weil die weniger erfolgreichen aufgeben und deswegen nicht mehr als Vergleichswert in die Rechnung mit einfließen. Oder in der Architektur: Alle gehen davon aus, dass die ältere Architektur länger hält, dabei bleiben halt nur die robusten Gebäude länger stehen, die den wohlhabenden Leuten gehörten. Dadurch entsteht schließlich ein falsches Bild der Architektur. Und Kampfflieger erst: Im Zweiten Weltkrieg schaute man sich die Flieger an, um zu verstehen, wo sie getroffen wurden. Dort sollten die Flieger künftig gepanzert werden. Doch dabei flossen nur die Flugzeuge in die Betrachtung mit ein, die noch nicht in alle Einzelteile zerlegt worden waren – und die es irgendwie zurück zur Basis geschafft hatten.

In der Gründerwelt gibt es diesen Survivorship-Bias auch. Steve Jobs erzählte uns in Filmen und Büchern die Geschichte vom Aufstieg mit Apple. Richard Branson ist die große Unternehmerlegende. Seine weisen Worte verfolgen uns im Netz als Zitatgrafiken: »Lassen Sie sich durch Ihre Fehler nicht in Verlegenheit bringen, lernen Sie aus ihnen und fangen Sie neu an.«

Oder einer dieser vor Selbstbewusstsein strotzenden Unternehmer erzählt, wie er es geschafft hat, ein Einhorn aufzubauen. Eines dieser Wesen, die es eigentlich nur in Märchen gibt. In der Wirtschaftswelt bezeichnet man so die Start-ups, die mehr als 1 Milliarde US-Dollar wert sind. Zahlen, die sich ein Mensch nur schwer vorstellen kann. Ihre Geldgeber küren sie dazu.

Viele der Gründerinnen und Gründer scheitern aber. Oder sie arbeiten hart, müssen Rückschläge verkraften und können zwischendurch den ein oder anderen Erfolg feiern. Wie es im normalen Leben halt so läuft. Diese Start-ups mit ihren Machern tauchen auf, stellen Leute ein, haben Kunden, verkaufen Produkte, streiten sich mit ihren Geldgebern. Einige Medien schreiben auch über sie und dann verschwinden sie eines Tages wieder. Wie bei der Katzenstudie wird das Bild verfälscht, die großen Unternehmerstars erzählen die Geschichte, wie es ist, auch einmal hinzufallen und dann den großen Durchbruch zu schaffen. Aber die vielen Zwischentöne fehlen. Die Geschichten der ganz normalen Gründerinnen und Gründer, die für ihren Job brennen wie nur wenige andere Menschen in diesem Land. Die Jahr für Jahr Menschen einstellen und sich verausgaben, um ihrem Traum nur ein kleines Stückchen näher zu kommen. Die dabei oft nicht erkennen, dass sie mit ihrem selbstbestimmten Leben den Traum bereits leben – und jeder zukünftige Gründer von ihnen so viel lernen kann.

Doch ihre Geschichte bleibt unvollständig, sie wird nie ganz erzählt. Bis jetzt.

PROLOG: »DAS NÄCHSTE MAL BRAUCHST DU EINE BESSERE GESCHICHTE«

Die Sonne brennt auf unseren Leihwagen, noch wenige Autos stehen vor uns bis zur Grenzkontrolle. Gleich sollen wir die kanadisch-amerikanische Grenze passieren. Wie vor jeder Grenzkontrolle spüre ich dieses Unbehagen. Habe ich doch etwas falsch gemacht? Pass vergessen? Wurden uns Drogen untergeschoben?

Wir rollen im Schritttempo zur Grenzkontrolle. Fenster runter. Der Grenzbeamte schaut zu uns rein. »Was wollt ihr in den USA?«, fragt er, mit einer Mischung aus Langeweile und Unwillen.

»Ich bin Gründer und baue ein Start-up auf«, antworte ich.

»Und was macht das Unternehmen?«

»Wir verkaufen Schmuck aus dem 3D-Drucker.«

»Und das sollen Leute kaufen?«

»Ja, wir verkaufen das über das Internet.«

»Warum macht ihr das nicht in eurem Land?« Er wedelt mit den deutschen Pässen von meiner Freundin und mir.

»Machen wir ja – aber wir sind in den USA, um hier etwas über das Geschäft zu lernen. Wir haben in Kanada Freunde besucht.«

Ich sehe, wie es in seinem Kopf rattert. Nach Terroristen sehen wir wohl nicht für ihn aus.

»Wenn ich nicht will, brauche ich euch nicht in mein Land zu lassen«, erklärt er.

Sein Kopf rattert weiter. Es siegt die Unlust, sich weiter mit uns zu beschäftigen.

»Ich lass euch jetzt durch«, sagt er und klatscht mir die Pässe in die Hand. »Aber nächstes Mal musst du dir eine bessere Geschichte ausdenken. Schmuck aus dem 3D-Drucker – wer soll dir das glauben?« Er schüttelt den Kopf und winkt uns durch.

Die Geschichte erinnert mich daran, wie ich meinen Eltern von der Geschäftsidee erzählt habe, die meinem besten Freund Raoul und mir gekommen war. So ganz verstanden haben sie sie bis heute nicht. Oder die Geldgeber, die oft nichts mit der Idee anfangen konnten. Fast jeder hat am Ende zumindest grob verstanden, was wir machen, und hat irgendwie tief in sich drin an mich und mein Team geglaubt.

Nur diesen Grenzbeamten an der amerikanischen Grenze konnte ich nicht überzeugen. Hätte ich vielleicht auf dieses Zeichen hören sollen? Welche Start-ups wären heute wohl alle nie gegründet worden, wenn jeder Gründer seine Idee erst diesem bulligen Typen hätte vorstellen müssten?

Ich habe acht Jahre nach der Erfolgsformel gesucht, die bekannte Gründer zu Millionären und Top-Stars der Wirtschaftswelt gemacht hat. Zwischen den Zeilen der vielen Aufstiegsgeschichten und in den Gründerbiografien von Menschen wie Elon Musk oder Mark Zuckerberg. Doch ich habe die Formel nicht gefunden.

Gerade baue ich mein drittes Unternehmen auf und habe viel über Erfolg und Misserfolg nachgedacht. Allein mit meinen eigenen Krisen und Erfolgserlebnissen kann ich dieses Buch füllen. Nach jedem kleinen erreichten Ziel wurden die unglaublichen Lebensgeschichten meiner Vorbilder ein bisschen unbedeutender. Ich fing an, meinen eigenen Weg zu gehen.

Wer selbst hart an seiner Vision arbeitet, versteht schnell einen billigen Trick, dem sich viele der Unternehmerlegenden bedienen. Sie bauen Schwächen in ihre Geschichten ein, kokettieren mit Krisen. Wie dramatisch hört es sich an, wenn jemand erzählt, dass er kurz vor der Pleite stand? Eine Geschichte, dass er wieder bei den Eltern einziehen musste, weil das Geld nicht mehr reichte?

Auf den ersten Blick sieht es so aus, als würden sie sich ihrem Publikum offenbaren, Schwäche zeigen. Doch auf den zweiten Blick erkennt man, sie wollen nur eine gute Geschichte erzählen. Sie brauchen Fallhöhe, eine Dramaturgie für ihre eigene Story. Ein privilegierter Typ wird noch reicher – so eine Geschichte langweilt das Publikum. Erst durch eine Krise bekommt die Gründer-Story Glaubwürdigkeit und Spannung. Danach heißt es, Vorhang zu, kritische Rückfragen sind nicht erlaubt.

Ich möchte ihnen die Erfolge nicht absprechen – und doch ist es ein bisschen so, als würde ein Lottospieler, der den Jackpot geknackt hat, seine Strategien zum Lottospielen erklären. Etwas überspitzt formuliert: Mit einem Start-up richtig erfolgreich zu sein, ist ähnlich wahrscheinlich, wie im Lotto zu gewinnen.

So ein Buch möchte ich nicht schreiben und habe deswegen auch keine Millionärsformel auf Seite 65 versteckt. Stattdessen erzähle ich, was mir in acht Jahren Unternehmertum passiert ist. Alle Erfolge und alle Fuck-ups. Es ist vielleicht kein Skandal von nationaler Tragweite, dafür ist es ehrlich.

Die Geschichte, die ich in den vergangenen Jahren erlebt und gefühlt habe: Wie es ist, mit Anfang 20 den ersten Mitarbeiter entlassen zu müssen, oder wie es ist, wenn ein Anwalt sinngemäß zu einem sagt, dass man schon mit einem Bein im Gefängnis stehe. Ich befand mich mit meinem ersten Unternehmen kurz vor der Insolvenz. Plötzlich musste ich den Gedanken zulassen, dass ich wieder vor dem Nichts stehe, wieder auf Los ziehe, ohne wie im alten Monopoly-Spiel 4 000 Mark einzuziehen.

Ich bin sicher, es gibt einige da draußen, die eine ähnliche Geschichte erzählen können. Diese Geschichten müssen erzählt werden. Denn eine ehrliche Story kann dem Gründen die übertriebene Mystik nehmen, die manche noch davon abhält, etwas Neues zu starten. Plötzlich ist es verständlich, dass nicht jeder eine Geschichte im Vom-Tellerwäscher-zum-Millionär-Stil erzählen kann, sondern wie er oder sie es durch die vielen Krisen schaffen kann. Zu viele aus der Start-up-Szene verstecken sich hinter betriebswirtschaftlichen Begriffen: Skalieren, Monthly Active Users, sechsstellige Finanzierungsrunden. Auf einfache Fragen nach dem eigenen Wohlergehen kommt von Gründern oft nur ein oberflächliches »Läuft«.

Und das kann einfach alles bedeuten. Mit den Jahren entleert sich unsere Sprache immer mehr. In Small-Talk-Gesprächen zwischen Gründerinnen und Gründern geht es bei der Frage nach dem Erfolg nur noch um den einen Punkt: »Wie viel Geld hast du eigentlich verdient?« Alle anderen Erfolge verblassen einfach. Diejenigen, die ihr Unternehmen für mehrere Millionen verkauft haben und nie mehr arbeiten müssen, lassen dann im Nachhinein in Gesprächen verlautbaren: »Ach, Geld ist doch nicht so wichtig, es zählen ganz andere Dinge im Leben.« Danke für den Tipp! Bekomme ich eine Million ab?

Mein Name ist Julian Leitloff. Wenn Du meinen Namen googelst, findest Du Artikel, die ausschließlich vom Erfolg handeln. Noch während meiner Zeit an der Uni habe ich ein Start-up gegründet, das Schmuck aus dem 3D-Drucker verkauft. Als junges Unternehmen haben wir eine alte Industrie aufgemischt, so wird es dort zu lesen sein. Und das Geschäft läuft. Vor vier Jahren hat mich das Wirtschaftsmagazin *Forbes* auf die Liste der aussichtsreichsten Gründer gewählt. Die »30 under 30« in Europa, dazu zähle ich. Jung und erfolgreich. Hat jemand noch Zweifel?

Ich habe Zweifel.

Manchmal spielen sich einzelne Tage vor meinem inneren Auge noch einmal ab. Zum Beispiel der Tag, an dem ich meinem besten Freund auf einem Spaziergang gesagt habe, dass er unser Unternehmen verlassen müsse. Wir kennen uns seit Kindertagen, haben das Start-up mühsam zusammen hochgezogen. Doch es war für seine Fähigkeiten kein Platz mehr bei uns. Es war die härteste Entscheidung, die ich in meinem Leben fällen musste.

Oder als ich zu Hause bei meinen Eltern im Keller saß, den Kopf in den Händen, weil kein Investor für unser Vorhaben Geld geben wollte – und meine Beziehung auf der Kippe stand. Meine ganze Welt war kurz davor, zusammenzubrechen.

Ich will meine Geschichte erzählen, weil ich überzeugt bin, dass Ehrlichkeit hilft. Sie hilft mir zu verarbeiten, was ich in den Jahren eigentlich gemacht habe. Sie hilft aber auch anderen zu verstehen, was es heißt, ein Unternehmen aufzubauen. Denn es gibt nicht dieses Gründungsgeheimwissen, das nur eine teure Privatuni vermitteln kann. Stattdessen finden wir die nötigen Eigenschaften und dieses Wissen oft bei den Menschen in unserer Umgebung – eine Mischung aus Mut, Dickköpfigkeit und Durchsetzungsstärke.

Es war hart, jeden Morgen den Druck aufs Neue zu spüren. Kunden, die das falsche Produkt bekommen haben und mich dafür verantwortlich machten, Zehntausende Leute, die den Server zum Abstürzen brachten – oder Investoren, die meinen Urlaub kürzen wollten. Als Geschäftsführer musste ich jedes Feuer löschen. Und es kamen immer neue Brandherde dazu. Dafür wurde ich auch mit krassen Glücksmomenten belohnt: Wenn jemand unseren Schmuck kaufte und ein Foto davon auf Instagram postete. Oder als wir die ersten Mitarbeiterinnen und Mitarbeiter eingestellt haben, die sich auf uns verlassen haben, die mit uns arbeiten wollten. Die für unser Jobangebot von New York nach Berlin gezogen sind.

Ich kann noch keinen Exit vorweisen – das bedeutet, dass ein Gründer sein Unternehmen verkauft, die Währung der Start-up-Szene –, habe Freundschaften riskiert, Gelder von Investoren verbrannt, die sie vielleicht nie wiedersehen. Eine Krise hat die nächste gejagt und die Erfolgsgefühle hielten oft nicht lang an. Trotzdem würde ich es wieder tun.

Es macht mich stolz, auf die Frage »Was machst du?« zu antworten: »Ich bin Unternehmer.« Morgens ins Büro zu kommen und 20 unglaublich schlaue Menschen zu sehen, die alle an meine Gründungsidee glauben – an meine Vision. Meine Idee ist zu ihrer Vision geworden. Und sie vertrauen mir, wenn ich am Lenkrad sitze.

Jeder, der dieses Buch liest, weiß nach der Lektüre, worauf er sich einlässt, wenn er ein Unternehmen gründen will. Er oder sie wird aufstöhnen und das Buch weglegen und am nächsten Morgen in das langweilige Arbeitsleben einer Festanstellung zurückkehren.

Oder …

Er oder sie wird meine Faszination teilen, wird das Buch fallen lassen und spüren, wie zwischen den Fingern förmlich wieder etwas Neues entsteht. Und warum es jede Katastrophe, jeden Rückschlag, jeden Tag wert war.

Das ist meine Geschichte.

Einige Namen und Details haben wir zum Schutz der Personen anonymisiert. Es geht nicht um pikante Enthüllungen, sondern die Episoden stehen stellvertretend für etwas. Sie sind wahrscheinlich in ganz ähnlicher Form auch anderen Gründerinnen und Gründern passiert.

WIE EIN WIESEL IN ZWIESEL

Ich weiß noch genau, wie mich mein bester Freund Raoul anrief und sagte: »Julian, ich habe eine richtig geile Idee.« Er studierte damals Design an der Fachhochschule in Münster und ich Wirtschaft in Friedrichshafen. Schon bei meinem letzten Besuch in Münster hatte ich gesehen, wie er mit Kumpels zusammen Räume im alten Hafengebäude angemietet hatte. Ein eigenes schickes Büro, um Design-Arbeiten für andere Leute zu erstellen. Und das mit 21 Jahren. Er schien mir so professionell, pro Monat verdiente er etwa 1 600 Euro durch seine eigene Arbeit. Ich war beeindruckt und ein bisschen neidisch. Umso mehr freute ich mich über den Anruf.

Raoul hatte an der Hochschule einen Kurs für 3D-Druck belegt und war sich sicher, dass die Technologie kurz vor dem Durchbruch stand. Ich war sofort in einer Stimmung naiver Begeisterung. Wir verabredeten uns, um ein Wochenende in Klausur zu gehen. Wir waren Technik-Nerds, und drei Tage ungestört 3D-Druck-Geschäftsmodelle zu entwickeln, war uns lieber als jede Kneipentour. Es erschien uns, als hätten wir gerade die Idee für ein Weltimperium.

In einem alten Gutscheinheft fanden wir einen Coupon für ein Familienhotel im niederbayerischen Zwiesel. Oft hoffen die Macher dieser Gutscheinhefte ja, dass niemand auf die Idee kommt, wirklich in einen Ort mit dem Namen Zwiesel zu fahren. Sie dachten dabei nicht an uns. Wir hatten keine Wahl, denn unsere Konten waren leer. So machten wir uns auf den Weg mit dem roten, abgerockten BMW von Raoul, und fuhren ins tiefste Bayern.

Gleich am Ortsrand begrüßte uns ein Schild mit dem Stadtslogan »Wie ein Wiesel in Zwiesel«. Schon bei dem Spruch war uns klar, dass diese Stadt in einer anderen Zeit hängengeblieben war. Es sah überall so aus, wie ich mir einen süddeutschen Ort in einem Skigebiet vorstellte, mit schönen Wäldern und kleinen Häusern. Nur ohne Schnee und ohne Berge. Eigentlich gab es also keinen Grund, nach Zwiesel zu kommen.

In dem Hotel waren wir die einzigen Gäste, abgesehen von ein paar Familien, die nachmittags im Tierpark oder Klettergarten abhingen. Das Hotel machte den Anschein, als sei es für gestresste Großstädter gebaut worden – alles mit viel Holz, etwas altmodisch. Wir hausten in einem Doppelzimmer mit »Panoramabalkon« zur Südseite.

Im Restaurant setzte uns das Personal immer in die hinterste Ecke, weit weg von den drei Familien. Es war ein absurd großer Speisesaal, was die Situation noch absurder machte. Ich weiß nicht, warum wir so abgesondert essen mussten. Entweder hielt uns das Personal für ein schwules Pärchen und wollte uns von der vermeintlich heilen bayerischen Familienwelt abschirmen. Oder man hatte einen Hals auf uns, weil wir den Gutschein eingelöst hatten.

Tagsüber liefen wir fünf Stunden durch die Gegend. Ich warf ein paar Ideen ein, Raoul spann sie immer weiter, wenn ich ihn nicht stoppte. Er stellte sich zum Beispiel vor, wie unsere zukünftigen Mitarbeiterinnen und Mitarbeiter durch die Innenstädte laufen würden, mit einem Rucksack auf dem Rücken, der einen 3D-Drucker enthalten würde. Wie diese Leute, die bei Fußballspielen mit einem Bierrucksack Getränke verkaufen. Aus dem Rucksack heraus würden wir verschiedene Gegenstände aus dem 3D-Drucker verkaufen. Ich gebe zu: Viele Ideen waren nicht ernst gemeint. Sie halfen aber unglaublich bei der kreativen Arbeit.

Klarer wurde uns, dass wir unseren Kundinnen und Kunden die Möglichkeit geben wollten, im Internet eigene Gegenstände zu entwerfen. Sogar Möbel sollten sie sich Klick für Klick selbst bauen können. Wir würden uns dann um den Rest und die Fertigung aus dem 3D-Drucker kümmern. Einen solchen Drucker sollte bald jeder in seinem Wohnzimmer stehen haben. Oder im 3D-Print-Shop um die Ecke.

Auf was wir uns am Ende genau einigten, weiß ich nicht mehr. Ich weiß nur, dass wir uns todsicher waren: Wir haben den nächsten großen Trend erkannt. Unser Start-up wird ein riesengroßes Ding.

An einem der nächsten Wochenenden wurde uns der Zahn schon wieder gezogen – von Mike. Der Bruder von Raoul studierte Informatik in Salzburg, wo wir uns mit ihm trafen, um weiter über die Idee zu sprechen. Mike ist unglaublich schlau und hatte zuvor schon Medizin studiert, das Physikum mit Bravour bestanden, aber dann doch abgebrochen, um seiner Leidenschaft – dem Programmieren – nachzugehen. Er war das Korrektiv für unsere naive Begeisterung. Eine 3D-Form in einem Online-Tool zu designen, ist selbst heute noch technisch extrem kompliziert, vor acht Jahren war es das erst recht – und für die Kunden ohne technisches Vorwissen allemal. Von der Idee abbringen ließen wir uns jedoch nicht.

Aber den Traum vom Start-up, das im 3D-Drucker Möbel, Tassen und andere große Gegenstände produziert, warfen wir schnell wieder über Bord. Dass wir nicht bald ein großes Möbel-Druck-Unternehmen aufbauen würden, hatte dabei auch einen ganz praktischen Grund. Es war unglaublich teuer, die Gegenstände fertigen zu lassen. Ein erdnussgroßes Gebilde aus Plastik kostete damals 76 Euro. Vielleicht wurden wir auch von unserem Produzenten übers Ohr gehauen, aber es war auch bei den anderen Anbietern teuer. Eine gedruckte Erdnuss machte das Zehntel von unserem Monatsbudget aus. Viel Geld für Experimente blieb nicht übrig.

Es lief auf Schmuck hinaus. Nicht, dass wir auf dem Gebiet Expertise gehabt hätten, aber der war von der Größe her irgendwie erschwinglich. Raoul hatte als Aufgabe in seiner Unizeit schon einmal versucht, selbst ein Schmuckstück für den 3D-Drucker zu entwerfen.

Silvester fuhren Raoul und ich dann mit drei Freunden in ein Ferienhaus nach Schweden, um weiter an unserem Plan zu arbeiten – ohne Handy-Empfang und andere Ablenkungen des Studentenlebens. Das Haus lag in der Nähe von Åhus, wo der Absolut Wodka herkommt. Unsere Nachbarin, eine ältere Dame, kam ab und zu vorbei und trank mit uns Schnaps. Es war ein kleines rotes Haus mitten im Wald, wie aus einem Ikea-Katalog. Wenn wir die eineinhalb Kilometer durch die Wildnis zum Strand liefen oder Holz für den Ofen sammelten, hörte man unsere Schritte kaum, das weiche Moos dämpfte jedes Geräusch.

Viel Zeit für die Natur blieb nicht. Während unsere Freunde lieber gewandert wären, arbeiteten wir an unserer Idee, schliefen oder tranken Bier. Raoul und ich saßen an dem großen Wohnzimmertisch. Ich hatte Excel offen und tüftelte an dem Businessplan, Raoul baute Grafiken. Ich entwarf verschiedene verrückte Szenarien in meiner Tabellenwelt: Wenn alles nach Plan laufen sollte, würden wir schon in wenigen Jahren eine halbe Million Umsatz machen.

Auch auf den Worst Case bereiteten wir uns vor: In meinem Szenario, das ich »Außer Spesen nichts gewesen« nannte, kamen wir laut meiner Berechnungen auf 32 000 Euro Umsatz im fünften Jahr. Gut, davon kann man praktisch keiner einzigen Person ein Gehalt bezahlen. Aber wir brauchten ja nicht viel.

Für die Optimisten hatte ich eine Tabelle auf der letzten Seite vorbereitet: Im »Frühaufsteher-Szenario« sollten es 2 Millionen Euro nach fünf Jahren sein. Alle Kurven und Graphen verliefen geradlinig nach oben. Die kommenden Monate sollten uns schmerzhaft lehren, dass es fast wöchentlich auf und ab ging. Irgendeine gleichmäßige Linie gab es wohl nie.

Bei der Silvesterparty waren wir voller Euphorie für unser Vorhaben. Raoul trank so viel, dass er irgendwann allen auf die Nerven ging. Er sprang die anderen Freunde an, ganz unvermittelt, war wild. Wie so ein Hundewelpe tollte er über den Strand, bis man ihm sagte: »Komm, lass mal.« Er gab erst Ruhe, als ein doppelt so schwerer Freund von uns ihn mit seinem Gewicht auf den Boden drückte.

Ich kannte diese kleinen Ausraster von ihm aus unserer gemeinsamen Kindheit. Damals hatten wir so viel Energie, dass wir es oft übertrieben – bis einer von uns beiden blutete. Zum Beispiel, als wir die Fernsehserie *Takeshi's Castle* nachspielen wollten. Eine japanische TV-Sendung, in der etwa 100 Teilnehmer verschiedene Mutproben erledigen müssen, um eine Burg zu erstürmen. Nur wenige kommen dabei ans Ziel.

In einer Prüfung waren die Teilnehmer an einem Gummiband befestigt und mussten gegen den Zug eine gegenüberliegende Wand berühren, ohne dass das Gummi sie zurückkriss. Damals versuchten wir, das mit einem sogenannten Expander, einem Gymnastikgerät mit zwei Handgriffen und einem Gummiband dazwischen, nachzuspielen. Raoul hielt sich mit der einen Hand an der Heizung fest, mit der anderen am Gummiband. Ich lief auf die andere Seite des Raums – bis Raoul das Gummiband nicht mehr halten konnte, losließ und das Gummi in meine Richtung schnellte und mir der Handgriff den Knöchelknochen zertrümmerte. Er wuchs erst Jahre später wieder zusammen.

Bei einer anderen Gelegenheit stachelte ich Raoul an, den Hinterreifen seines Fahrrads mit Spiritus zu übergießen, ihn dann anzuzünden und mit dem brennenden Reifen loszufahren. Zum

Glück hatte er eine Jacke an – die verhinderte, dass sein Rücken von der Stichflamme verbrannte. Das Profil des Fahrrads war danach komplett durchgebrannt.

Unsere Gründung fühlte sich wieder wie eines dieser Abenteuer an, die wir seit unserer Kindheit zusammen ausgeheckt hatten. Nur dieses Mal war es ernst und es sollte sich keiner verletzen.

Die Feier in Schweden ging noch lange weiter. Raoul nahm irgendwann am Strand einen letzten großen Schluck aus einer Schampus-Flasche – er war schon sehr betrunken. Es war nur leider die Flasche, aus der wir die Raketen abgefeuert hatten. Das Aschewasser machte ihn irgendwie etwas ruhiger. Gut ging es ihm nicht mehr.

Der Neujahrsmorgen begann mit einem heftigen Kater und voller Hoffnung. Wir fuhren mit einem Geschäftsplan im Gepäck zurück nach Deutschland. Motiviert trommelte ich in Friedrichshafen meine Kommilitonen zusammen, um die Idee zu testen. Ich war zu der Zeit ein totaler Fan von Design Thinking, einer Methode, die einem bei der Produktentwicklung helfen soll. Wir sprachen mit unseren Mitstudentinnen und Mitstudenten viel darüber, wie so ein Online-Tool aussehen musste, damit sie sich ein Schmuckstück selbst designen würden. Sie gaben uns viele gute Tipps, wir passten das Produkt Stück für Stück an. Nur eine wichtige Frage stellten wir nicht: »Wollt ihr das überhaupt?«

Wie wichtig diese Frage ist, lässt sich an einem extremen Beispiel ganz gut verdeutlichen. Es ist leicht, jemanden zu fragen: »Wie komme ich aus dem dritten Stock über das Fenster am schnellsten auf die Erde?« Er wird dann lange grübeln und vielleicht antworten: »Ich würde in großer Not versuchen, auf das Dach eines Autos zu springen.« Trotzdem würde er das im echten Leben nie wirklich machen, warum auch? Denn die entscheidende Frage ist: »Würdest du einfach so aus dem Fenster springen?«

So ungefähr sollte es später auch mit unserem Schmuck-Selbst-design-Tool sein. Technisch gesehen war es genial. Wir hatten es geschafft, dass man im Browser einen Ring selbst entwerfen konnte und dieser dann wirklich gedruckt wurde – und das alles mit ein paar Klicks. Es gab nur ein Problem: Niemand wollte das.

Zu der Zeit waren wir aber weiter mit vollem Elan dabei. An der Uni beäugten uns die Leute, weil wir nicht ins Raster passten. Manche organisierten Partys oder gingen in den Ruderclub. Wir machten irgendwas mit Schmuck. Sie waren amüsiert, irritiert, manche auch fasziniert.

Aber auch die enthusiastischsten Unternehmer brauchen irgendwann Geld. Bei der Uni bewarben wir uns um eine Finanzierung, es sollte die Geburtsstunde des Unternehmens sein. Erst das Investment würde aus einem losen Projekt ein richtiges Unternehmen machen. Die Zeppelin Universität Friedrichshafen hatte gerade einen kleinen Geldtopf für junge Firmen aufgesetzt. Mehrere Start-ups bemühten sich um das Geld.

Unsere Idee sollten wir vor dem Uni-Präsidenten und einem offiziellen Gremium vorstellen. Das waren gestandene Unternehmer aus der Gegend. In der Region brummt die Wirtschaft, es gibt unfassbar viele Mittelständler und wichtige Familienbetriebe. So saßen wir also in dem Raum mit dem Rektor und einem Haufen älterer, reicher Männer. Die einzige Frau im Raum war die Geschäftsführerin der Uni.

Ich hatte unter anderem das weiße erdnussgroße Gebilde aus dem 3D-Drucker mitgebracht, die Männer reichten es herum, jeder durfte es mal kurz in der Hand halten. Der Präsident sagte, die Musterung würde ihn an ein Feinripp-Unterhemd erinnern. Es hatte tatsächlich Ähnlichkeiten damit. Raouls Bruder Mike stellte die Technik vor. Unser Programm hatten wir mittlerweile den *Kartoffelformer* getauft. Denn wenn man das Programm auf dem Computer öffnete, war ein waberndes Gebilde zu sehen, das ein bisschen an eine Kartoffel erinnerte. Unsere zukünftigen Kunden konnten diese Kartoffel dann herumziehen und daraus ein Schmuckstück erstellen.

Alle waren begeistert. Bis auf die Geschäftsführerin. Sie sagte sinngemäß: So einen Kram würde doch niemand kaufen. Die alten Männer erwiderten: »Doch, das ist eine tolle Technik. Es kommt aus dem 3D-Drucker.« Wir zogen wieder ab, ohne unsere Chancen überhaupt abschätzen zu können. Würden wir uns durchsetzen?

Als zwei Wochen später die Zusage kam, waren wir euphorisch. Das Adrenalin schoss durch meine Adern. Es war wie ein Torjubel, nur besser. Von dem Geld wollten wir gleich einen eigenen 3D-Drucker kaufen, und dann sollte es sofort losgehen. Mike hatten wir bereits überzeugt, mit an Bord zu kommen. Er sollte uns bei der ganzen Technik helfen. Er schrieb gerade mit Hochdruck an seiner Bachelorarbeit, an den Wochenenden kümmerte er sich um unser Vorhaben.

Als Vierter im Bunde kam Florian dazu. Er war wie Raoul an der Fachhochschule in Münster. Ein Rockabilly-Typ mit viel Gel in den Haaren und zwei schwarzen Ohrringen. Er war 100-prozentig akkurat und sehr korrekt. Und wenn er etwas zusagte, dann hielt er sich auch dran. Vor seinem Studium hatte Florian eine Lehre als Tischler gemacht. Er hatte unglaubliche Kenntnisse über alle möglichen Materialien. Er war unser Master of 3D-Druck.

Ich fuhr damals extra nach Münster, um ihn persönlich zu überzeugen. Er sollte auch Anteile an unserem Unternehmen bekommen, aber nicht so viele wie wir. Warum denn nicht, fragte er gleich. Wir hatten ja schon viel Zeit in das Projekt gesteckt, und es war ja schließlich unsere Idee gewesen. Ich redete weiter auf ihn ein – und er war nicht abgeneigt, denn der Hauch eines Abenteuers umwehte unser Unterfangen. Das begeisterte einige Menschen um uns herum. Selbst Florian, der eher vorsichtig war, konnten wir damit kriegen.

Er und Raoul waren unsere unterschiedlichen Produktköpfe. Florian tastete sich Schritt für Schritt an die Lösung eines Problems heran, immer ganz vorsichtig. Das Ergebnis – zum Beispiel das Design des Produktes – sah am Ende ganz gut aus. Raoul war so ziemlich das Gegenteil von ihm. Er hing seinen verrückten Ideen nach, die er dann im Zweifel noch einmal grundlegend anpasste. Seine Kreationen waren immer noch ein Stückchen abgefahrener.

Wir vier waren also die aktuelle Kombo. Raoul und ich hätten auf der Stelle einen Vertrag unterschrieben, in dem steht: Wir verpflichten uns, für zehn Jahre der Firma treu zu bleiben und niemals den Job zu wechseln. Mike war ein bisschen vorsichtiger. Er sprach auch mal die Zweifel aus, wenn es sein musste. Florian war der Fachmann, auf den Verlass war.

Neben der Uni arbeiteten wir an unserem Projekt. Einen Sommer lang in Münster, während Raoul und Florian an ihren Abschlussarbeiten saßen, die sich auch um unsere verrückte Idee drehten. Mike machte seinen Job aus der Ferne. Und ich die meiste Zeit in Friedrichshafen oder an anderen Orten.

Wenn ich von Münster aus arbeitete, dann aus dem Zimmer von Raoul heraus. Dort hatten wir unsere Zentrale, ein einziges Chaos auf 15 Quadratmetern. Der Boden war kaum sichtbar, bedeckt mit Aktenordnern, Schuhen, Klamotten, zwei Longboards, alten Chipstüten und anderem Kram. Es erinnerte an eine Kraterlandschaft. Eine Gasse führte zum Schreibtisch, eine andere zum Bett. Am Schreibtisch standen zwei Stühle, die etwas Platz hatten, um sich zu bewegen, und dort saßen wir beide und arbeiteten. Der Lebensrhythmus bestand aus viel Arbeit, Bierchen am Abend und einem leichten Kater am nächsten Morgen. Und das

Ganze wieder von vorn. Der alte Tower-PC surrte im Hintergrund leise vor sich hin, das war unsere Begleitmusik.

Wir waren dabei, etwas Bahnbrechendes zu entwickeln, das wurde uns immer bewusster. In einem Browser sollte jedermann eine 3D-Animation designen können und ein Objekt erhalten, das für ihn gedruckt wurde und das er tatsächlich tragen konnte. Unser Start-up hatte Potenzial für den Massenmarkt und nicht nur für ein paar 3D-Druck-Nerds, die in ihrer Werkstatt einen Prototypen bauten.

Bevor wir richtig loslegen konnten, brauchten wir noch etwas sehr Wichtiges: einen Namen für unser Baby. Wir hatten dafür die zwei alten Design-Kollegen von Raoul in Münster angehauen, ob sie uns helfen könnten. Die beiden waren schon gut im Geschäft, sie verkauften Design-Konzepte für 20 000 Euro an große Unternehmen. Mit 21 Jahren musst du schon eine ganz schöne Verkäufersau sein, um das irgendjemandem anzudrehen.

Ihr Büro befand sich in dem Glaskasten im Münsteraner Hafen. Wir fuhren zu den beiden, um mit ihnen zu brainstormen. Auf eine große Tafel schrieben wir alle möglichen Namen. Wir überlegten, was unsere Marke ausstrahlen soll. Und was passiert, wenn Kunden sie in anderen Sprachen hören. Einen Fehler wie der internationale Webseiten-Hoster Wix wollten wir nicht machen. Unter den Vorschlägen war Bijoux und Smykke. So heißt Schmuck auf Französisch und Dänisch. Wir probierten unzählige Ideen aus. Viele Namen habe ich wieder vergessen, nur das ist von unserer Kreativ-Session hängen geblieben: Raoul hat wie immer abgeliefert.

70 Prozent seiner Vorschläge waren der größte Bullshit, aber der Rest war Gold. Er war damals ein Feiertyp, der die Bierchen mit Freunden meistens einer Deadline vorzog, aber Ideen wie er hatte keiner. Seine Gedankengänge konnte ich nie nachvollziehen, er

ist einfach ein kreatives Genie. Am Ende kamen wir auf den Namen: Mijuu. Versehen mit dem Slogan: »Mijuu. Und jetzt kommst du.« Eingängig, oder?

Wir ließen den Namen sofort auf große Werbetafeln am Straßenrand in einem speziellen Schriftzug photoshoppen. Der Name war gefunden, was konnte jetzt noch schiefgehen?

Das Ganze sollte schnell einen bitteren Beigeschmack bekommen. Er kam in Form einer Rechnung von Raouls Kumpels aus Münster. Für das Brainstorming bei ein paar Bieren und einigen Design-Konzepten hatten sie uns eine Rechnung über mehr als 10 000 Euro geschickt. Ursprünglich sollten sie als Gegenleistung Anteile am Unternehmen erhalten, aber das war doch nicht möglich und wir hatten keinen neuen Preis vereinbart. Das Geld von der Uni war ja noch nicht einmal da, wie sollten wir das bitte bezahlen? Eigentlich hätte ihnen klar sein müssen, dass wir nicht so viel Geld aufbringen können. Zu dem Zeitpunkt hatten wir ja schließlich nur zugesagte 25 000 Euro von den Investoren – da konnten nicht allein mehr als 10 000 Euro für den Namen draufgehen.

Wir waren ziemlich aufgebracht. Ohne richtig losgelegt zu haben, sollte schon fast wieder unser ganzes Geld weg sein.

Kaum arbeiteten wir für unser Start-up, gab es wohl keine Freundschaftsdienste mehr – alles war Business. Wie ein Magnet wollten die Leute um uns herum uns das Geld wieder aus den Taschen ziehen, das sollte sich später noch zeigen. Den Kumpeln von Raoul überwiesen wir nach langer Diskussion 5 000 Euro. Doch der Ärger um den Namen war noch nicht zu Ende.

DIE MONEY-OMA

Es gab eigentlich keinen richtig guten Grund, in Friedrichshafen zu starten – wir taten es trotzdem. Zu dritt arbeiteten wir in meiner Studentenbude, der Blick auf den Bodensee entschädigte Raoul und Florian etwas. Sie waren extra aus Münster in dieses beschauliche Städtchen gezogen. Die Freundinnen der beiden hassten mich seitdem.

Raoul und Florian hatten ein bisschen Schiss vor diesem Schritt. Aber ich bin gut darin, andere von etwas zu überzeugen. Ein Argument für Friedrichshafen war zumindest, dass meine Universität uns die 25 000 Euro für das Vorhaben versprochen hatte. Wahrscheinlich, weil wir das Unternehmen waren, das am wenigsten zum Scheitern verurteilt war. Die 25 000 Euro würden nicht bis zum richtig großen Durchbruch reichen, aber wir fühlten uns trotzdem reich und mächtig.

Wir hausten in meiner kleinen Wohnung, die Möbel wild zusammengewürfelt, ein blaues Ledersofa, ein Holztisch. Um den Holztisch saßen wir bis spät in die Nacht und arbeiteten an unserem Start-up. Florian und Raoul tüftelten an den Designs, Mike programmierte die Website, und ich war unser Sprachrohr nach draußen, saß nachts an Excel-Tabellen und rechnete unseren Durchbruch schon einmal auf dem Papier durch.

Wir waren alle Anfang 20 und glaubten weiter, mit einer abgefahrenen Technik an dem ganz großen Ding zu arbeiten. Unser Wohnzimmer erschien uns schon wie die berühmten Garagen von Hewlett-Packard oder Google, in denen die Gründerinnen und Gründer die ersten Grundsteine für ihr Unternehmen legten.

Wir wollten mit Ringen und Ketten aus dem 3D-Drucker anfangen, und unser Unternehmen sollte nicht irgendwelche überteuerten Schmuckmarken als Massenware aus China importieren, sondern die selbstentworfenen Designs der Kunden einzeln vor Ort fertigen. 3D-Druck war gerade der neueste Trend. Alle Enthusiasten träumten mittlerweile davon, dass bald ein 3D-Drucker in jedem Wohnzimmer stehen würde und man sich eine Kaffeetasse ausdrucken könne. Schicht für Schicht sollten im Drucker aus dem Plastik neue Gegenstände entstehen. Schon bald werde es keine Massenproduktion mehr geben, sondern alles werde ganz individuell, so träumten Technikspinner wie wir.

Wir waren an der Spitze dieser Bewegung, eines der ersten Start-ups, das mit der Technik experimentierte. Die Demokratisierung einer Branche – ja, der ganzen Produktionswelt – schien greifbar zu sein.

Ich schrieb oft noch bis spät in die Nacht Mails. Wir tranken abends ein paar Bierchen, genossen unser Abenteuer und machten unüberlegte Sachen. Um Geld machten wir uns zu wenig Gedanken. Wenn wir irgendwohin wollten, fuhren wir mit Raouls 15 Jahre altem rotem BMW mit 220 Stundenkilometern über die Autobahn, obwohl der Sprit teuer war. Der Aschenbecher im Auto quoll über, das Auto war völlig verraucht. Wir hörten alte Punk-Songs. Die Gründung setzte bei uns Glücksgefühle frei – wie in den ersten Wochen einer Beziehung.

Wir saßen in diesem Sommer oft am See, arbeiteten ein bisschen und sprangen ab und zu ins Wasser, es war genauso schön, wie es sich anhört. Eines Mittags sagte Flo, dass er starke Schmerzen im Bauch habe. Erst einmal wollte ich ihn beruhigen, er hatte bestimmt nur etwas Falsches gegessen und musste mal ausgiebig aufs Klo. Ich packte ihm schnell ein Körnerkissen in die Mikrowelle, doch als er das warme Kissen auf den Bauch legte, zuckte er vor Schmerz zusammen. Ich rief sofort eine Freundin an, die mal eine Krankenschwesterausbildung gemacht hatte. »Das kann der Blinddarm sein«, sagte sie sofort. Wir fuhren ins Krankenhaus.

Gerade im Wartezimmer angekommen, sagte Flo, er könne nichts mehr sehen. Und sackte auf dem Stuhl zusammen. Raoul und ich waren völlig überfordert.

Schon kurze Zeit später rollte seine Liege in den OP und sein Blinddarm wurde rausoperiert. Eine Stunde später wäre sein Blinddarm geplatzt, versicherte uns die Chirurgin später. Eine Woche musste Flo im Krankenhaus bleiben, wir besuchten ihn jeden Tag und er humpelte in seinem Krankenhaushemd durch die Flure. Ich hatte großes Mitleid mit ihm, weil die Sonne schien und der Rest von uns jeden Tag unser Start-up und das Leben genoss. Es machte mir auch bewusst, wie schnell ungeahnte Dinge uns aus der Bahn werfen konnten.

Als wäre das nicht dramatisch genug, lief uns gleich zum Start die Zeit davon. Wir sollten zwar 25 000 Euro von der Uni erhalten, dafür mussten wir aber erst einmal eine GmbH gründen. Und dafür braucht man 25 000 Euro Eigenkapital, von denen man 12 500 Euro direkt einzahlen muss. Für uns Studenten war das eine ganz schön hohe Summe. Da wir das Geld nicht hatten, pumpten wir unsere Familien an und räumten unsere Konten leer, es gab für uns nur noch Nudeln von Lidl. »Family, friends and fools« nennt man in den USA die ersten Geldgeber, die so wichtig sind. Sogar meine beste Studienfreundin, Teresa, hatte ein paar tausend Euro beigesteuert. Sie hatte völlig überraschend gesagt: »Julian, ich möchte auch investieren.« Ich wunderte mich sowieso oft, warum sie mit mir befreundet war. Sie leitete das Cheerleaderteam, wie in amerikanischen Highschool-Filmen war sie sehr beliebt an der Uni, und ich hätte nicht gedacht, dass sie mit einem Nerd wie mir befreundet sein wollte. Doch auch damit reichte das Geld noch nicht.

Irgendwann kam Theodor (Name geändert) auf uns zu. Ich hatte ihn vor einiger Zeit an meiner Privatuni kennengelernt, und er

*»Family, friends and fools«
nennt man in den USA die ersten Geldgeber, die so wichtig sind.«*

faszinierte mich. Theodor war wohlhabend, von seinem Vater hatte er ein bisschen Geld bekommen, um es in Start-ups zu investieren. Für ihn war es Spielgeld. An der Privatuni in Friedrichshafen gibt es genug Leute, die es sich leisten können, einfach mehrere tausend Euro in ein Unternehmen zu investieren. Für uns Gründer war es unvorstellbar, wir stammten alle aus gewöhnlichen Mittelstandsfamilien. Meine Eltern waren die ersten in der Familie, die nach einer Ausbildung über den zweiten Bildungsweg das Abi nachgeholt hatten, um dann studieren zu können.

Irgendwann hatte mir Theodor gesagt, dass er bei unserem Start-up dabei sein wolle. Er war derjenige, der noch fehlte. Weil er das Geld mitbrachte, das wir noch brauchten.

Der Termin beim Notar stand bevor, erst danach würde die Universität uns das Geld überweisen. Nach diesem Termin sollte es endlich losgehen. Wir waren am Abend zuvor sehr aufgeregt. Ich hatte bereits den Gesellschaftervertrag ausgearbeitet. Ein komplexer Vertrag – noch nie zuvor hatte ich so etwas gemacht. Alle Hintergrundinformationen musste ich mir zusammengoogeln. Einen Mentor, den ich fragen konnte, hatte ich damals nicht. Meine Eltern und Freunde kannten sich mit Unternehmertum nicht aus. Ich nahm einen Standardvertrag und stimmte mich mit dem Notar und der Uni ab.

Um zehn Uhr abends klingelte das Telefon, Theodor war dran. Das Gespräch dauerte nicht lange, er sagte: Sorry, Julian. Er habe es sich anders überlegt, er könne doch nicht investieren.

»Warum?«, fragte ich fassungslos.

Ein Investment von ihm habe sich doch schlechter entwickelt als erwartet. Er habe viel Geld verloren.

»Das ist scheiße, Theodor. Wir haben uns auf dich verlassen.«

Ich legte auf – und war wütend. Schon kurz vor dem Start stand gleich alles wieder auf der Kippe. Wie sollten wir alle zusammen weitermachen? Der Termin für den Notar ließ sich nicht einfach verschieben. Wir fingen an, unseren Mitstudenten zu verfluchen.

»Was für ein Arschloch«, sagte einer in die Stille.

Wir redeten uns in Rage, wurden immer wütender. »Gut, dass wir ihn doch nicht dabeihaben, auf den ist sowieso kein Verlass«, sagte ein anderer. Wir nickten zustimmend.

In dem Ärger hatte keiner einen Plan B. Wen sollten wir noch anpumpen? Woher könnte schnell noch Geld kommen? Bevor eine brauchbare Idee auf dem Tisch lag, erschien die Nummer von Theodor wieder auf meinem Display.

Nach einem 30-Sekunden-Telefonat legte ich auf. »Er hat es sich anders überlegt, er ist doch dabei.« Wir schwiegen und arbeiteten einfach weiter, als wäre nichts gewesen. Im Nachhinein ist das richtig peinlich. Gerade hatten wir uns noch eingeredet, wir wären ohne ihn besser dran – um dann schon wenige Minuten später doch wieder froh zu sein, dass er dabei war.

Am nächsten Morgen fuhren wir mit dem Calypsomobil – so hatten wir das verrauchte Auto von Raoul getauft – zum Notar nach Friedrichshafen. Bei dem Termin mussten alle Teilhaber der Firma, die Geldgeber und wir als Gründer, unterschreiben. Es war unsere offizielle Gründung, wir konnten es alle noch gar nicht richtig fassen.

Raoul parkte das Auto in der Tiefgarage, wir waren nervös und viel zu früh da. Theodor kam uns schon entgegen, als wir aus der Tiefgarage hochgingen. Er trug eine Jägerjacke und sah aus wie die Imitation eines älteren Mannes, vielleicht das Abbild seines Vaters.

Als er uns sah, lachte er und rief: »Hallo, hier kommt die Money-Oma.« Ich musste grinsen, so viel Selbstironie hätte ich von Theodor nicht erwartet. Die anderen Jungs waren verwirrt, sie konnten nicht lachen. Die Studenten von der Privatuni in Friedrichshafen irritierten sie. Nach einigen Partys, auf die ich sie mitgeschleppt hatte, bezeichneten sie meine Kommilitonen vor allem mit einem Wort: Schauspieler. Und das im negativen Sinne. Das viele Gehabe, der ständige Wettkampf ging ihnen auf die Nerven. Dass jemand wie Theodor so selbstironisch war, überraschte sie ziemlich.

Nach der Unterschrift machten wir ein erstes Foto von uns vieren. Es ist unser Gründungsfoto. Wir waren stolz. Die Lokalzeitung berichtete über das Investment, zusammen mit dem Vizepräsidenten der Uni sind wir auf einem Foto abgelichtet, festgehalten für die Nachwelt. Für die Gründungslegenden unserer aussichtsreichen Zukunft. Auch in der Universität redeten viele Studenten über uns: Einige machten sich Gedanken, ob sie nicht auch etwas gründen sollten. Aber die wenigsten taten es. »Die haben sich das getraut. Und die Universität hat ihnen auch noch Geld gegeben.« Diese Gespräche gab es häufiger. Wir spürten einen Erfolgsdruck als eines der ersten Start-ups, das seine Wurzeln auf diesem Campus hatte. Jemand war so verrückt gewesen und hatte uns tatsächlich Geld anvertraut. Aus einem weiteren Abenteuer war eine echte Firma geworden. Und damit kam auch die Verantwortung.

25 000 Euro Startkapital von der Uni – aus Start-up-Sicht ist das nicht viel Geld. Und dennoch reichte es erst einmal. Wir zahlten uns praktisch keine Gehälter. Ich konnte mit meinem Uni-Job etwas dazuverdienen, die anderen kamen auch irgendwie über die Runden. Langsam gingen wir an den Markt, bauten einen Online-Shop auf.

Ich kümmerte mich darum, uns in die Presse zu bringen, sprach mit Investoren, machte uns ein Büro klar und versicherte jedem, der es hören wollte (und wahrscheinlich auch vielen, die es nicht hören wollten), dass es super lief. Raoul entwickelte erste Designs und Mike werkelte weiter an der Website. Nur die wichtigste Frage konnten wir nicht beantworten: Wo zum Teufel sollten unsere Kunden herkommen?

Die Aktion mit Theodor steckte mir noch in den Knochen. Wir mussten ehrlich zu uns sein: Wir brauchten das Geld dringend. Es fühlte sich im Nachhinein falsch an: erst jammern und dann die Schnauze halten und nach dem Geld greifen. Noch oft würde ich meine Überzeugungen wieder über Bord werfen müssen, wenn wir in Not gerieten. War das manchmal ein Selbstbetrug? Unzählige Male.

WIR SIND
REICH

Die Monate vergingen, noch immer fühlte es sich ziemlich gut an, 25 000 Euro bekommen zu haben. Dabei hatte die Uni uns das Geld ja noch nicht einmal geschenkt. Für 25 000 Euro gehörten ihr jetzt 10 Prozent unseres Unternehmens. Trotzdem freuten wir uns unfassbar über den Deal.

Erst etwas später wurde uns bewusst: Oh, die Bewertung des Unternehmens ist ja doch vielleicht nicht so die allerbeste. Sie lag bei etwa 250 000 Euro, für diesen Wert steht in Berlin normalerweise kein Gründer auf. In der Regel wird ein Tech-Start-up – also nur die Idee ohne Kunden – heutzutage schon mit 1 Million Euro bewertet. Wir waren einfach Anfänger, und die Typen von der Uni kannten auch nur ihre alte Welt der Maschinenbauer und Produzenten. Da zählten am Ende keine guten Ideen, sondern nur der Umsatz – und den konnten wir nicht vorweisen.

Zwar hatten wir mit dem Studium noch eine Pflicht, die es abzuhaken galt. Trotzdem steckten wir jede Minute in Mijuu. Nach einigen Monaten konnten wir unseren Former – das Tool, um den Schmuck selber zu designen – und den Shop endlich online stellen. Wir nannten ihn nicht mehr Kartoffelformer, sondern Diamantenformer. Auch wenn wir keine Diamanten druckten, sondern unser Schmuck aus einem Gipsgemisch oder Plastik hergestellt wurde. Zumindest druckten wir in der Form eines Diamanten. Der Name war etwas hoch gegriffen, aber das musste man als Start-up ja. Unsere Freunde begeisterten sich für das Produkt, testeten unsere Website und gaben uns Rückmeldungen, wenn etwas nicht richtig funktionierte. Eine Welle der Sympathie trug uns von Woche zu Woche. Mit einer Kommilitonin von Raoul machten wir ein Fotoshooting. Der Schmuck hatte einen futuristischen Touch.

Jeder hatte großen Spaß, unser Tool zu verwenden, einfach

rumzuspielen. Doch wir mussten feststellen, dass der Schmuckmarkt seine Eigenheiten hat – es geht viel um die Marke, die da-
hintersteht. Da hat es ein junges Unternehmen wie unseres einfach schwer.

Das machte sich schnell bemerkbar. Die Kunden kamen einfach nicht. Wir verkauften in mehreren Wochen sieben Schmuckstücke. Ja, richtig gehört: SIEBEN. Eine der Käuferinnen war Raouls Mutter, eine weitere meine Mutter und ein Kumpel von Raoul
erstellte sich ebenfalls einen Ring. Es zeigte sich jetzt auch im
Geschäft, dass wir uns zu wenig Gedanken über die möglichen
Kundinnen und Kunden gemacht hatten.

Doch Aufgeben war keine Option. Wir überlegten die ganze
Zeit, wie wir unser Geschäftsmodell schnell in eine andere Richtung lenken könnten. Das nennt man Pivot. Mir wurde klar, dass
die Leute ihren Schmuck vielleicht einfach nicht selbst zusammenstellen wollen. Stattdessen brauchten sie Vorschläge, Designs von anderen Menschen, das war unsere neue Idee. Der
Schmuck sollte ebenfalls aus dem 3D-Drucker kommen, eine riesige Datenbank mit hochwertigen Designs wollten wir aufbauen.
Unser Start-up sollte junge, unbekannte Designer überall auf der
Welt finden und ihre Schmuckentwürfe verkaufen – abseits der
großen und behäbigen Schmuckmarken. Wir wollten eine Branche demokratisieren, unser neuer Plan klang wieder gut.

Sofort machten wir uns auf die Suche im Internet und fanden
überall auf der Welt passende Designer. Wir schrieben sie einfach
per Mail an und bekamen sogar schnell Antworten. Viele wollten
mitmachen. Das Pärchen Loomis und Daniel Sheinfeld Rodriguez
aus Hawaii gehörte zu den Ersten, die bei uns ihren Schmuck verkauften. Es waren tolle Designs, geschwungene Formen. Nichts
davon ließ sich vergleichen mit diesen kleinen Kugeln, die wir damals zu unseren Pitch-Veranstaltungen mitgebracht hatten.

Wir waren zwar ein 3D-Druck-Start-up, einen 3D-Drucker hatten wir aber nicht. Von dem Traum hatten wir uns wieder verabschiedet. Denn wir experimentierten noch mit dem Material, erst war es Gips, dann stiegen wir auf eine Plastikart um. Und dafür benötigten wir unterschiedliche Maschinen.

Wir arbeiteten nun mit Partnern zusammen, die den 3D-Druck für uns übernahmen. Jedes Schmuckstück wurde nach der Bestellung extra in einem Betrieb in Pforzheim gefertigt und dann verschickt. Wir teilten uns den Umsatz mit den Designern und den Produzenten, sehr viel blieb am Ende nicht für uns übrig.

Unsere Investoren hätten gerne einen Drucker bei uns im Büro gesehen. In der Welt der Mittelständler zählte das. Es war ein handfester Wert. Wir als Start-up versuchten dagegen, den Anteil der eigenen Maschinen klein zu halten – auch um flexibel zu bleiben.

So langsam lief das Geschäft auch an, es war ein unglaubliches Gefühl, als wir das erste Schmuckstück an eine Person verkauft hatten, die wir nicht kannten. Wir sahen es als Bestätigung für unsere harte Arbeit. Auf den ersten richtigen Kunden folgten weitere. Sie ließen insgesamt eher kleine Beträge da, ein paar tausend Euro im Monat. Doch wir waren wieder zuversichtlich.

In Friedrichshafen saßen wir mittlerweile in einem eigenen Büro, das uns Andreas Gessler – einer der Verleger der *Schwäbischen Zeitung* – günstig vermietet hatte. Er war einer der wenigen Unternehmer in der Gegend, der sich mit Start-ups umgab. Unten im Haus hatte er das einzige Kulturcafé weit und breit eröffnet, das sich schnell zum Anlaufpunkt für die Kreativen der Stadt entwickelte, oben waren mehrere Start-ups untergebracht. Das Büro, das uns Andreas zur Verfügung stellte, war zwar wahrscheinlich seit zwanzig Jahren nicht mehr renoviert worden, aber dafür verzichtete er fast komplett auf die Miete. Das war so viel wichtiger für uns, und dafür waren wir ihm sehr dankbar.

Am Rand stand eine Couch, ich erinnere mich nicht mehr, ob wir sie von der Straße hereinschleppten oder ob sie schon vorher da war. In unserem Teil des Büros lagen überall leere Keksdosen. Ein anderes Start-up, das Kekse über das Internet verkaufte, hatte das Büro als Versandzentrum genutzt und die Dosen vergessen. Niemand aus den Büros wollte die Reste von Knusperreich, so hieß das Start-up, endlich entsorgen.

Die Dosen lagen dort als eine Art Vermächtnis herum. Und brachten die Frage auf, was von uns einmal hier bleiben würde. Ringe aus dem 3D-Drucker? Alte Pizzaschachteln?

Das Geld war immer knapp, wir selbst hatten noch einmal circa 18 000 Euro von unseren Freunden und Familien zusammengekratzt. Zusätzlich war unser Vermieter Andreas bei uns eingestiegen. Ich hatte ihn von unserem Start-up begeistert, er investierte 50 000 Euro. Das war wieder ganz schön viel. Er gab uns auf einen Schlag doppelt so viel wie die Uni – und rettete uns damit den Arsch. Das rechneten wir ihm hoch an.

In unserem Businessplan hatten wir für den Posten Personalkosten notiert: 400 Euro pro Monat. Ja, das waren unsere gesamten Personalkosten. Und sie gingen komplett an Raoul, der mit dem Studium fertig war. Für den Rest – inklusive mir – war gar kein Geld vorgesehen. Nur wer ganz dringend etwas brauchte, bekam auch einen kleinen Lohn. Durch meinen Studentenjob hatte ich ja etwas Geld, die anderen besaßen zum Glück auch noch andere Finanzierungsquellen. Raoul hatte das nicht.

Wir hatten zwar alle nicht viel auf dem Konto, aber irgendwie schafften wir es immer, über die Runden zu kommen. Dachte ich zumindest. Dann kam das Mittagessen mit Raoul, Flo war unterwegs, Mike in Salzburg.

Wir merkten beide im Büro, dass wir kein Bargeld mehr hatten und liefen runter zur Sparkasse in Friedrichshafen, die ganz in der

Nähe war. Es war einer der wenigen Orte, wo wir an Geld kamen. Raoul und ich stellten uns parallel an zwei Automaten, gleich nebeneinander. Damit es schneller ging. Unsere Mägen knurrten.

Ich probierte, 30 Euro aus dem Automaten zu ziehen. »Auszahlung nicht möglich«, erschien auf dem Display. Ich tippte 20 Euro ein. Wieder keine Reaktion. Und dann 10 Euro. Der Automat gab nicht nach, die Maschine war unerbittlich.

Ich ging rüber zu Raoul und sagte: »Sorry, ich bekomme kein Geld.« Wir schauten uns an. »Ich auch nicht«, antwortete er. Wir hatten immer größeren Hunger. Und liefen stumm zurück ins Büro.

In den vergangenen Wochen hatten wir dort ein Lager mit Dosennahrung angelegt: Linsensuppe und Chili con Carne. Es erinnerte an die Vorbereitungen auf eines der Musikfestivals, zu denen wir vor der Gründung immer fuhren – oder als Vorbereitung auf die Apokalypse. Wir hofften, dass noch etwas übrig wäre. Im Büro war niemand, der uns sehen konnte, während wir uns ungeduldig durch die Schränke kramten. In der letzten Ecke stießen wir auf eine Dose Linsensuppe, die wir uns in der Küche warm machten. Wir fühlten uns ziemlich mies, aber gleichzeitig auch gut. Sollte es nicht genauso sein? Wir hatten zwar nichts, aber hey, wir waren immerhin frei. Oder so ähnlich.

Zwangsläufig musste ich mich mit meinen Finanzen beschäftigen – jedes Mal, wenn ich Geld abhob. Die Sparkasse hatte meinen Studienkredit so gebucht, dass er mir bei jedem Geldabheben angezeigt wurde. Eine Mahnung für die vielen Schulden, die ich angehäuft hatte. »Kontostand: –18 250 Euro«, das stand dort jedes Mal, schwarz auf weiß. Ich las immer nur: »Du schuldest uns noch viel, viel Geld.« 18 250 war auch die magische Grenze, ab der ich über mein Girokonto kein Geld mehr von der Sparkasse bekam. Eine schmerzhafte Erinnerung daran, wie teuer mein Studium war. Die Schulden waren mein Antrieb, richtig loszulegen.

SNOBS UND KREATIVE

Eigentlich war ich eher zufällig an der Uni in Friedrichshafen gelandet. Mein ehemaliger Mitbewohner in Frankfurt war damals auf die Privathochschule gestoßen. Er kam von einem Sportturnier mit den Studenten der verschiedenen Business Schools und sagte mir: »Schau dir mal die Uni in Friedrichshafen an – die Leute sind genauso verrückt wie du.« Die Studenten der Zeppelin-Uni hatten das Sportturnier zwar nicht gewonnen, dafür aber den Preis für den besten Spirit erhalten. Sie lenkten an dem Wochenende die ganze Zeit einen Zeppelin, zwei, drei Meter lang, über dem Sportgelände rum, allein das hatte schon alle beeindruckt. Die Studentinnen und Studenten der ZU hatten verstanden, wie sie auffallen können unter den anderen spießigen Wirtschaftsnasen.

Ich war zu der Zeit hungrig auf Neues. In meinem dualen Studium bei der Deutschen Bank in Frankfurt und dem Studium in Mannheim musste ich Fächer wie Zahlungsverkehr belegen. Ein Professor dozierte über den Geldautomatenkrieg zwischen den Volksbanken und Sparkassen, der schon Jahrzehnte her war. Das Gebäude erinnerte mich an eine Behörde. Die Botschaft, die uns eingeimpft wurde, war: Denk nicht größer, sondern immer in deiner wirtschaftlichen Einheit. Eine Ausbildung zum Ausführen – und nicht zum Darübernachdenken. Der Lebensweg als besserer Sachbearbeiter war schon vorgezeichnet.

Diesen Weg wollte ich nicht gehen, es zog mich weg aus Frankfurt – hin in die kreative Freiheit. Ich las den Kursplan der Uni in Friedrichshafen wie das Menü eines Sternerestaurants. Ich hatte mich verliebt. Kurse wie Entrepreneurship und allgemeine Wirtschaftsgeschichte standen auf dem Programm. Ich schickte nur eine Bewerbung raus. Sollte ich dort nicht genommen werden, wollte ich es an amerikanischen Elite-Unis probieren. Nach dem Kleinklein der Ausbildung wollte ich endlich ausbrechen. Im Notfall hätte ich ein halbes Jahr an der Tanke gejobbt, um nebenbei für den schwierigen Aufnahmetest der US-Unis zu lernen. Was für meine Eltern übrigens ein Graus war. Doch es klappte, und ich durfte einige Monate später in Friedrichshafen anfangen.

An der Uni im Süden war alles anders. Statt über einen längst vergessenen Geldautomatenkrieg zu reden, hatte sich die Uni zum Ziel gesetzt, uns zu überfordern. Alle konnten etwas ausprobieren, es musste nur von ihnen selbst kommen, dann unterstützte sie die Universität. Zum Beispiel hatten sich Studenten in Wohnwagen einquartiert und ein kleines Dorf daraus gebaut, um einen neuen Lebensstil zu testen. Andere drehten einen Film oder gründeten ein Uniradio. Eine Gruppe von Studenten baute das Start-up Deinbus auf, dem der große Anbieter Flixbus später nacheiferte. Die Jungs hofften damals auf eine Gesetzesänderung, um die Fernbusse anbieten zu können. Sie klagten einfach gegen das bestehende Gesetz. Niemand hinderte sie daran. Es schien alles wie ein riesiges Experiment. Statt der Scheuklappen sollte hier ausdrücklich mit anderen Fachrichtungen gearbeitet werden. Statt die Studenten gezielt klein zu halten, versprach der charismatische Präsident der Uni, einen neuen Blick auf die Welt zu vermitteln.

Ich tauschte mein Bankerdasein zwischen Frankfurter Hochhäusern gegen die Kleinstadt am Bodensee ein. Statt dem Verwaltungsbau, in dem meine duale Hochschule untergebracht war, befand sich der Campus in einem riesigen verglasten Gebäude direkt am See.

In den ersten Monaten war ich eingeschüchtert. Viele der Studenten drückten sich eloquenter aus als ich, gehörten mit ihrem Outfit mehr auf einen Laufsteg als in die Mensa – ich hatte den

Eindruck, sie seien dem Film *Der talentierte Mr. Ripley* entsprungen. Sie bewegten sich mit einem ausgeprägten Selbstverständnis durch die Welt, kannten alle Gepflogenheiten und waren sich einfach verdammt sicher, dass das hier alles nur die Vorbereitung für höhere Weihen war. Manche übertrieben es mit dem Selbstbewusstsein und dem Auftreten so sehr, dass sie mehr wie die Cocktailpartygäste ihrer Eltern wirkten als wie normale Studenten. Viele meiner Kommilitonen kamen aus reichen Elternhäusern.

Schon einige Monate nach meinem Start an der Uni ging es mit meinem Start-up los. Ich folgte dem Ruf, auch etwas auszuprobieren. An manchem Morgen wachte ich auf und dachte: ›Das schaffst du doch alles nicht.‹ Denn es gab kein Sicherheitsnetz und keine Strukturen wie in der Bankausbildung, wir mussten alles selbst gestalten. Und wenn es nicht klappte, waren wir schuld. Dass mir jemand einen Vertrauensvorschuss gab, tat meinem Selbstbewusstsein gut, aber es setzte mich auch unter Erfolgsdruck.

Das Experimentieren schlug sich in unserem Start-up-Alltag nieder: Weil wir an der Uni in einem Kurs über Design Thinking sprachen, probierten wir es mit Mijuu aus. In der Uni war unser Unternehmen oft Gesprächsthema. Wir waren wie das Live-Experiment eines ganzen Studiengangs. Alles, was an der Uni gelehrt wurde, setzten wir einfach im echten Leben um. Jeder hatte eine Meinung dazu, die einen fanden es aufregend, die anderen lächelten über diesen dämlichen Start-up-Hype. ›Die werden früh genug auf die Fresse fallen‹, dachten sie sich wahrscheinlich.

An der Uni suchte ich auch permanent nach Mitstreitern. Ich merkte, dass wir mehr Expertise brauchten, um das Geschäft voranzubringen. Beim Marketing klaffte eine große Lücke, die wir schnellstens schließen mussten – am besten mit einer Mitgründe-

»Wir waren wie das Live-Experiment eines ganzen Studiengangs. Alles, was an der Uni gelehrt wurde, setzten wir einfach im echten Leben um.«

rin. Denn ich war mir sicher, dass wir eine Frau im Team brauchten. Ich begab mich auf die Suche. Fragte eine gute Freundin von mir. Sie überlegte eine Weile, um uns dann abzusagen. Eine andere Kommilitonin, die sonst sehr furchtlos ist, wies uns direkt ab. Ich sprach lange mit der Bekannten einer Freundin. Sie hatte zwar einen guten Job in Hannover, spielte aber trotzdem ernsthaft mit dem Gedanken einzusteigen. Aber auch sie wollte am Ende nicht mitmachen. Vielleicht spürten sie das Chaos und wollten sich da lieber raushalten. Was immer auch der Grund gewesen sein mag: Es gelang uns nicht, eine Mitgründerin zu finden.

Hinzu kam ein weiteres Problem: Mike war noch mitten im Studium und hatte wenig Zeit. Wir mussten Unterstützung für Mike finden, wenn wir nicht zurückfallen wollten. Mein Kommilitone Michi stand ganz oben auf meiner Liste, er war Entwickler und hatte bei einer Beratung in New York schon einen richtigen Job gehabt. Dort verdiente er mehr als 100 000 Euro pro Jahr. Das waren unvorstellbare Dimensionen bei unseren Gehältern von immer noch insgesamt null Euro.

Ich fragte ihn trotzdem und hoffte, dass Michi verrückt genug sein würde, nochmal ganz ohne Gehalt anzufangen. Und so war es dann auch. Ich sprach meine Idee bei einem großen Gyros-Teller an. Michi zögerte nicht lange und sagte zu. Es war viel einfacher als erwartet. Von seiner unfassbar standfesten Art konnten wir in den chaotischen Zeiten viel lernen. Bei dem vielen Auf und Ab ließ er sich nicht aus der Ruhe bringen. Das drückte sich auch in einer weiteren Eigenschaft aus: Er ist ein Genießertyp. Er liebt gutes Essen und den Schnaps aus seiner Heimat Österreich.

Als zweite wichtige Person kam Tim an Bord. Er war Teil einer Dreierclique, die wir leicht spottend »die Schönlinge« nannten. Insgeheim wahrscheinlich auch aus Neid. Alle drei kannten sich mit Marketing aus, aber Tim hatte vorher bei der bekannten Agentur Jung von Matt gearbeitet und war richtig gut. Wir unterhielten uns viel über Mijuu, auf einer großen Studentenparty fragte ich ihn: »Tim, willst du nicht einfach mitmachen?«

Er war etwas erstaunt, als ich mein Angebot auch nach der durchfeierten Nacht nicht vergessen hatte, eine Angewohnheit, die ich beibehalten sollte. Alle Absprachen, die ich betrunken getroffen habe, sind nicht in meinem verkaterten Schädel verloren gegangen.

Tim war unser letzter Zugang im Gründerkreis und sollte das Marketing verantworten. Zwei Mitarbeiterinnen – ebenfalls von der ZU – halfen uns bei der Arbeit an Mijuu, sie wollten sich nicht richtig verpflichten, aber sprangen ab und zu ein. Eine Facebook-Gruppe mit Kommilitonen gab uns Feedback zu unserem Namen oder den Website-Entwürfen. Wie ein Studienprojekt entwickelten wir das Unternehmen aus der Uni heraus.

Das Gründerteam für das Start-up stand nun fest. Nur eine Frage war noch ungeklärt: Wer ist eigentlich der Chef?

Unsere Gesellschaft hatten wir damals Spontaneous Order genannt, denn es war unsere Vision, dass für jeden Bereich, jede Frage jemand spontan die Leitung übernimmt. War die Aufgabe erfüllt, gab er die Verantwortung wieder ab und fügte sich wieder in die Gruppe. Das funktionierte eher semi-gut. Hauptsächlich, weil ich mich am Ende doch um alles kümmern musste, worauf die anderen keinen Bock hatten. Die ganzen Finanzierungsthemen, die anstrengende Investorensuche und vor allem die Buchhaltung. Die anderen kümmerten sich um die anderen Bereiche.

Irgendwann sprach ich mit einem Freund und beschwerte mich, dass so viel an mir hängen blieb. Er meinte nur: »Sag ihnen doch einfach, dass du CEO sein möchtest – dann ist klar, wer die Verantwortung hat.« Nach einiger Überlegung, einer langen inneren Vorbereitung und vielen zurechtgelegten Argumenten tat ich das. Am Ende war es so, als würden alle nur kurz ihren Kopf von der Arbeit heben, meine Ansage zur Kenntnis nehmen, nicken und weiterarbeiten. Niemand hatte Einwände.

Damit scheiterte zwar unser Anarchie-Experiment, aber plötzlich lief alles besser.

EIN INTERNET-PIONIER GLAUBT AN UNS

Nach wenigen Wochen der Ruhe gab es wieder Ärger – in Form eines Briefes. Als ich das offiziell aussehende Schreiben geöffnet hatte, war mein einziger Gedanke: ›Oh, fuck.‹ Eine Berliner Hipster-Marke mit einem gleichklingenden Namen war der Meinung, dass wir ihre Markenrechte verletzen würden. Nachdem ich den Brief gelesen hatte, fühlte ich mich, als sei unser Start-up ein kleines Dorf unter Belagerung. Der erste brennende Pfeil war vom Gegner gerade über den dünnen Holzzaun geschossen worden.

Ich ging zu den Jungs ins Wohnzimmer und rief wütend: »Leute, die wollen uns verklagen.« Die Reaktionen kamen prompt: »Dann sollen sie doch«, rief einer. Wir verfielen sofort in Aktionismus und versuchten, einen befreundeten Anwalt zu erreichen. Es ging jetzt um Minuten und darum, ebenfalls aufzurüsten.

Eine Woche lang verlagerte sich unsere Energie auf den ersten Rechtsstreit, alle anderen Sachen standen erst einmal still. Wir einigten uns schließlich mit den Anwälten der Gegenseite.

Schon zum Start hatte uns damals eine Freundin auf die Ähnlichkeit des Namens hingewiesen. Ich hatte auf Facebook nur geantwortet: »Lange gegrübelt und viele Leute angerufen ... aber wir bleiben dabei.« Hätten wir direkt auf die Freundin gehört, wäre uns der Ärger erspart geblieben. Denn er war sowieso umsonst: Schon nach ein paar Wochen fiel uns auf, dass der Name eigentlich gar nicht gut war. Oft bekamen wir von Kunden die Rückmeldung: »Mi was ...?« Oder: »Midschu, wie schreibt man das?«

Und so begann die Namenssuche von vorn. Nur dieses Mal wollten wir auf die 10 000-Euro-Rechnung verzichten. Wir sammelten wieder Vorschläge und schickten sie an viele Freunde. Darunter Namen wie Drawberri, welayer, anless, herzlig. Skissme war lange einer unserer Favoriten. Doch unter den Vorschlägen gab es noch eine andere Idee, die mir am besten gefiel: Stilnest. Wie bei allen Entscheidungen war es das Bauchgefühl, das mich darin bestärkte, und die anderen fanden den Namen auch gut.

Im März 2013 verkündeten wir – wieder voller Stolz – unseren neuen Namen. Oft ist es wie bei einem Babynamen: Ist das Kind geboren, finden alle auch den Namen süß. Davor hatten viele rumgenörgelt, jetzt war die wichtige Frage geklärt.

In knapp einem Jahr hatten wir also nicht nur unser Geschäftsmodell einmal gedreht, sondern uns auch direkt umbenannt. Eine Entwicklung, die manche alteingesessenen Mittelständler in ihrer 70-jährigen Historie nicht durchgemacht haben.

Grunderneuert machten wir uns auf den Weg nach Köln zu einem Start-up-Event, dem Pirate Summit. Wie wir als Studenten war auch unser Start-up finanziell noch immer am Limit, deswegen suchten wir permanent nach neuen Geldgebern. Da unser Produkt jetzt fertig war, mussten wir es bekannt machen. Das heißt, viel Geld ins Marketing stecken und gleichzeitig die Produktionsabläufe perfektionieren. Denn funktioniert ein Schritt im ganzen Ablauf nicht, ist der Kunde direkt wieder weg. Das durfte nicht passieren.

Das Pirate Summit ist nicht so eine Stock-im-Arsch-Veranstaltung wie einige andere Konferenzen – vor allem solche im Süden Deutschlands, wo selbst die Gründer manchmal im Anzug auflaufen. In Köln sind alle als Piraten verkleidet, der Konferenzort ist ein Club mit großem Außengelände, überall stehen Metalltonnen, in denen abends ein Feuer brennt.

Ein Bekannter zog mich damals zur Seite und sagte: »Ich muss dir jemanden vorstellen.« Und schob mich durch die Menge zu Ludger, einem Mann Mitte 40. Er war nicht wie die Investoren, die oft etwas gelangweilt Standardfloskeln rausholen wie: »Wer bist du? Los, pitch mal.« Wahrscheinlich überspielen diese Investoren einfach eine latente Unsicherheit. Oder sind einfach unfassbar schlecht in Small Talk. Ludger war anders. Er wirkte auf mich unprätentiös und gleichzeitig distanzlos. Er war ehrlich interessiert: »Hey Julian, erzähl mal.« Ich legte los.

Im Gespräch machte Ludger nicht gleich deutlich, was für ein krasser Typ er ist, sondern ließ mich erst einmal reden. Stück für Stück kam raus, dass er schon vor einigen Jahren ein Start-up aufgebaut und erfolgreich verkauft hatte. Danach war er als Manager bei Amazon eingestiegen und hatte die Elektronikabteilung in Europa geleitet. Und nun war er Digitalchef beim Handelskonzern Klingel. Einer der größten deutschen Versandhändler, der etwa 1 Milliarde Euro Umsatz mit Schmuck und Mode macht.

Ludger hatte genau die Erfahrung im Online-Handel, die wir brauchten. Er konnte uns sagen, wie sich aus unserem Geschäft ein großes Unternehmen bauen lässt. Und wie das verdammte Marketing funktionieren würde. Er sagte damals: »Ich bin mir bei eurer Idee nicht sicher, aber ihr gefallt mir als Typen.« Nicht nur seine Expertise, sondern auch sein Geld konnten wir gut gebrauchen.

Ein Investment von Klingel zu bekommen, wäre ein Ritterschlag für uns als junges Unternehmen gewesen. Ludger verantwortete dort im Unternehmen gerade die Start-up-Investments, er war der richtige Mann für uns. Es fühlte sich an, als wären wir ganz nah dran, in die Profiliga der Start-up-Welt aufzusteigen.

Wir blieben in Kontakt, Ludger war eine große Hilfe für mich. Ich bewunderte ihn für seine Art. Er entschuldigt sich nie, aber er nimmt Kritik auch nicht zu schwer. Seine wichtigste Eigenschaft: Er behandelt alle Menschen mit dem gleichen Respekt – ohne ehrfürchtig zu sein. Er redet mit seiner kleinen Tochter genau wie mit dem CEO einer großen Firma.

Ich weiß das so genau, weil seine Tochter mal bei einem Telefonat reinkam. Anstatt sie anzuschnauzen, erklärte er ihr einfach, er könne gerade nicht, werde aber bald wieder rauskommen. Auf der gleichen Ebene sagte er einem Chef in einer Verhandlung: »Du kannst den Deal jetzt ausschlagen, aber in zwei Wochen geht der Preis dann fünf Millionen hoch.« In einem karierten Hemd und einer Dreiviertelhose sah er immer so aus, als würde er gerade von einem Sonntagsspaziergang kommen. Er war gezielt unangepasst.

Bei Klingel hatte er mehr als 100 Leute unter sich – und trotzdem nahm er sich für unser Team mit einer Handvoll Leuten oft Zeit. Er kam später fast jeden Mittwoch zu unseren Besprechungen. Uns war damals in Köln noch nicht bewusst, welche Bedeutung Ludger eines Tages für uns haben würde. Denn Klingel investierte ein Dreivierteljahr später in unser Unternehmen. Doch auf dem Weg dorthin gingen wir fast pleite.

RÜCKSCHLAG AUF GROSSER BÜHNE

Der Weg zur nächsten Finanzierung war schwierig. Wir wollten uns mit Klingel nicht nur auf einen möglichen Finanzier verlassen und machten uns auf die Suche nach weiteren Quellen. Denn wir brauchten Geld, um weiterzumachen, das war klar. Eine Bank hätte uns jungen Typen niemals einen Kredit gegeben.

400 000 Euro wollten wir für den Start einsammeln. Das klingt erst einmal nach viel Geld, doch mit einem Unternehmen ist es unglaublich schnell aufgebraucht. Allein schon, wenn Mitarbeiter mit der Arbeit anfangen – und bezahlt werden wollen.

Anstatt mit möglichen Kunden zu sprechen, habe ich damals zu viel Zeit damit verbracht, Online-Artikel auf Gruenderszene.de und Techcrunch.com zu lesen. Ich sog unzählige Berichte von irgendwelchen Millionenfinanzierungen und neuen Geschäftsmodellen auf. Fab.com – eine Dealwebsite für Designerprodukte – war damals der große Trend. Das genaue Geschäftsmodell war gar nicht so wichtig, aber die Geldgeber steckten Millionen über Millionen in dieses Unternehmen. Um unser Konzept einprägsamer zu machen und die Fantasie der Investoren anzuregen, nannten wir uns »das Fab.com für 3D-Druck« und wollten so auf der Welle mitreiten. Heute nennt sich keiner mehr Fab.com für irgendwas, denn das Unternehmen scheiterte spektakulär. Stattdessen versuchen es jetzt etwas überspitzt formuliert die »Ubers für Katzenfutter« und »die Spotifys für Kochrezepte«. Trittbrettfahrer gibt es immer noch.

Ich notierte mir alle Pitch-Events, auf denen Gründer ihre Idee vor potenziellen Investoren präsentieren durften. Schon bald könnten sie bei Stilnest einsteigen, und bei uns sollte die Kasse klingeln. Dachte ich.

Die erste Enttäuschung wartete in Stuttgart. Dort war ich zusammen mit Tim hingefahren, um mehrere Business Angels zu finden. Also vor allem Privatinvestoren, die viel Geld haben und früher selbst als Unternehmer tätig waren. Etwa 100 sollten uns dort erwarten. ›Wenn ich nur jeden Dritten dazu bekomme mitzumachen, haben wir die Finanzierung schon voll‹, dachte ich damals. Es war ja schließlich eine geniale Geschäftsidee, die wir da hatten – individuelle Produkte direkt auf Bestellung aus Deutschland statt langweilige Massenware aus China.

Zu zweit kamen wir in dem Bankgebäude der baden-württembergischen Landesbank an. Alles war groß, hohe Decken, viel Raum und ein Marmorboden, auf dem jeder Schritt zu hören war. Und alles strahlte eine Botschaft aus: »Wir Banker sind die Kings, und ihr seid gar nichts.« Das kannte ich noch zu gut – von meiner Ausbildung bei der Deutschen Bank. Genau vor dieser Atmosphäre war ich desertiert.

Viele der Gründer trugen Anzüge. Normalerweise gehört es ja gerade zur Start-up-Mentalität, im T-Shirt rumzulaufen, doch hier ging das nicht. Wir fühlten uns ziemlich fehl am Platz, weil wir so eine formelle Atmosphäre nicht mehr gewohnt waren. So hatten wir uns Gründerveranstaltungen nicht vorgestellt. »Was ist denn hier los?«, fragten wir uns. In dunkler Vorahnung hatte ich ein Jackett mitgebracht und zog es an.

Auf einer Bühne mussten die Gründer ihre Ideen vorstellen. Wenn sich jemand eine Stand-up-Comedy-Nummer über Start-ups ausdenken müsste, diese Präsentationen hätten als großartiges Vorbild funktioniert. Ein Gründer erzählte, wie er mit einer Musik-App für DJs den Markt grundlegend verändern würde. Das sollte aber nicht durch eine bessere Auswahl als etwa bei Soundcloud oder Spotify passieren, sondern durch irgendeinen anderen Kniff. Niemand aus dem Publikum war überzeugt. In fast jedem Pitch fiel das Wort »revolutionieren«. Es war zum Fremdschämen.

Ich wollte beweisen, dass ich es besser konnte. Als ich drankam, sprang ich auf die Bühne. Vor mir saßen etwa 100 Anzugträger, mittelalt, die mich anstarrten. Ich ratterte wie immer meinen Pitch runter. »Wir individualisieren Schmuck und lassen ihn mit dem 3D-Drucker fertigen.« Auch auf die Frage, welches Problem wir lösten, gab ich eine Antwort: »Die Konsumenten suchen mittlerweile Produkte, die sie selbst entworfen haben.«

Ich war mit meinem Pitch fertig, als sich einer aus dem Meer der Anzugträger zu Wort meldete: »Hast du dort nicht einen Rechenfehler in deinem Businessplan gemacht?« Ich stockte. An diesen Zahlen hatte ich monatelang gesessen. »Du hast bei deinen Berechnungen vergessen, die Kunden herauszunehmen, die wieder abspringen und kein zweites Mal kaufen.« Der Kerl löcherte mich fünf Minuten lang. Ich hätte am liebsten auf den Reset-Knopf gedrückt, aber den gab es nicht. Warum hatte er sich so in ein Detail verbissen? Klar, ich hatte einen Fehler gemacht, aber sahen sie nicht, wie großartig unsere Idee war – auch mit einem blöden Rechenfehler?

Trotzdem kamen viele Investoren nach dem Pitch an unseren Stand. Vielleicht war der Fehler doch nicht so relevant. Die meisten Geldgeber waren eher gelangweilte Unternehmerrentner, die uns erst einmal ihre Lebensgeschichte erzählen wollten – und ungefragt Tipps gaben: »Habt ihr schonmal das probiert?« Oder: »Meine Frau liest immer diese Frauenzeitungen – könntet ihr nicht mit denen kooperieren?« Nach der Frage, ob sie nicht bei uns investieren wollten, nuschelten sie etwas Unverständliches und waren verschwunden.

Schon nach kurzer Zeit war mir klar: Das wird hart. Von 40 Investoren signalisierte nur ein einziger Interesse, die anderen befassten sich lieber mit den Häppchen, die es mittlerweile gab, oder wollten mehr vom Roboter-Start-up am Stand nebenan er-

»Ich musste lernen, die Codes in den Antworten der potenziellen Geldgeber zu erkennen. Denn fast niemand redete Klartext mit mir.«

fahren. Ich dachte in dem Moment, dass wir unglaublich schlecht seien. Erst später bekam ich mit, wie schwer es andere ebenfalls hatten. Die meisten Finanzierungsrunden, bei denen Unternehmen Geld gegen Anteile eintauschen, sind extrem ruckelig.

Am Anfang der Gründung stand ich außerdem unten vor einem Berg, sah keinen Halt und der Gipfel schien unerreichbar, weil ich keine Kontakte hatte und mich keiner kannte – deswegen musste ich auch bei diesen trostlosen Gründer-Events um Geld betteln. Es hagelte viele Abfuhren. »Nein, passt nicht«, das hauten mir die Investoren oft um die Ohren. Die Netten sagten dann noch: »Hey, bei mir passt es nicht so gut, aber ein Bekannter, für den könnte es interessant sein. Darf ich deinen Kontakt mal weiterleiten?« Oft kam es nicht vor, dass sie sowas sagten.

Wie viele Rückschläge würde ich noch durchhalten? Noch spürte ich den Kampfgeist der ersten Stunde und beschloss, mich in die Szene reinzubeißen. Und das bedeutete erst einmal: verstehen, was die Investoren eigentlich meinten. Ich musste lernen, die Codes in den Antworten der potenziellen Geldgeber zu erkennen. Denn fast niemand redete Klartext mit mir. Oft schrieben sie, dass sie unser Geschäft »extrem spannend« fänden. Ein Aber gab es trotzdem fast immer. Die meisten verpackten ihre Absage in oberflächliche Argumente, die ich gut schlucken konnte. Wenn jemand sagte: »Ist zu früh für uns«, dann heißt das nichts anderes als: Wir warten erst einmal und schauen, ob das Unternehmen durchstartet und dann Kunden und Umsätze vorweisen kann.

Im Nachhinein kann ich diese Oberflächlichkeit bei den Absagen auch verstehen. Denn die Investoren haben keinen Anreiz, ihre wahre Meinung zu sagen. Ein Gründer oder eine Gründerin würde eine ehrliche Begründung wahrscheinlich als Beleidigung auffassen und dann weitererzählen: »Der Investor ist ein Arschloch« oder »Der Typ hat das Geschäft einfach nicht verstanden.« Nur die wenigsten werden sagen: »Ich kann dir den Investor empfehlen, der hat mir zwar abgesagt, aber er konnte gut begründen, warum mein Geschäft nicht funktionieren wird.« Doch genau dieses ehrliche Feedback fehlte uns, um besser zu werden und uns anzupassen.

Für die Geldgeber war eine vage Absage außerdem eine Absicherung – läuft das Geschäft plötzlich doch gut, will sich keiner der feinen Typen den Weg verbauen, sich zu melden und zu sagen: »Ich will doch noch.«

ICH BIN EIN GOLDENER GOTT

Nach der Enttäuschung in Stuttgart blieb uns vor allem noch das Unternehmen Klingel als möglicher Investor. Aber ein einziger Geldgeber, das war mir zu unsicher. Ich ließ nicht locker und telefonierte viele andere ab. Mehrfach setzte ich mich in den Zug nach Berlin, um unser Unternehmen vorzustellen. Nach einer Stunde Meeting war das Gespräch meist vorbei, und es hieß: »Danke, wir melden uns.« Die Arbeitstage waren extrem hart. Ich saß acht Stunden im ICE, hatte das Meeting und fuhr früh am nächsten Tag wieder acht Stunden zurück. Das WLAN funktionierte zu dieser Zeit in den Bahnen noch nicht gut, und so verplemperte ich unglaublich viele wertvolle Stunden auf den Reisen quer durch Deutschland. Ein großer Teil unserer ersten kleinen Kapitalspritze floss in die Taschen der Deutschen Bahn.

Man hätte sich kaum zwei Städte in Deutschland aussuchen können, die weiter auseinander liegen. Wir hingen in Friedrichshafen fest. Und die Investoren mit ihren tiefen Taschen saßen alle rund um die Berliner Torstraße und trafen sich abends zum Netzwerken mit einem Gin Tonic in der Hand. Auf einer der langen Fahrten – wieder ohne Internet – kam mir der Gedanke: Wir müssen dorthin, wo sie uns wollen. Wo das Geld sitzt. In Friedrichshafen gab es zwar extrem viel Geld, viele wohlhabende Leute wohnten dort. Doch niemand wollte es Start-ups anvertrauen. Hier zählte eine andere Währung: Ingenieurskunst und stetiges, dafür profitables Geschäft.

Die Zeit war reif, wieder unsere Sachen zu packen. Ich trommelte die Jungs zusammen, und wir hingen alle auf dem durchgesessenen Sofa ab. »Wir müssen hier weg, Leute«, sagte ich in die Stille. Ich erklärte kurz, warum wir bald nach Berlin ziehen müssten. Raoul war wie immer gleich mit Begeisterung dabei: »Wann geht es los?« Ein anderer sagte: »Warum haben wir das nicht schon früher gemacht?« Das Frühjahr und der Winter am Bodensee waren ungemütlich gewesen, und so richtig weitergekommen waren wir hier auch nicht.

Florian war wie immer zuerst etwas skeptisch und fragte, ob das denn wirklich nötig sei. Doch ich war mir sicher.

Eine große Abschiedsparty gab es nicht, viele Leute wären sowieso nicht gekommen – etliche Studenten der Universität machten gerade irgendein Praktikum in Berlin. Wir konzentrierten uns also voll auf unseren Umzug, es sollte wie immer möglichst morgen losgehen.

Was ich am Tag des Umzugs sofort merkte: Man lernt den wahren Charakter eines Menschen erst kennen, wenn man gemeinsam in eine neue Stadt zieht. An den Umzugskartons ließ sich ablesen, was für Typen wir da eigentlich im Gründerteam hatten – und wie viel Geld sie vorher verdient hatten.

Michi, unser Technik-Chef, hatte früher schon in einem gutbezahlten Job gearbeitet und besaß einen riesigen Hausstand. Er war einfach ein Liebhaber und Sammler: Ihm gehörten eine österreichische Schnapssammlung, mehrere Gitarren und viele Weinflaschen. Mit der Anzahl der Kartons hätte auch eine vierköpfige Familie umziehen können.

Für mich, Florian und Raoul reichte ein winziger Transporter, um alles nach Berlin zu bringen. Als Studenten hatten wir nie genug Geld besessen, um uns Habseligkeiten abseits von Ikea-Möbeln zu kaufen. Tim war das Gegenteil von Michi. Bei ihm passte alles in einen Kleinwagen. Und los ging es.

Nur Tim hatte eine Wohnung gefunden. Umziehen wollten wir trotzdem. Ich kam in der Zweitwohnung eines Studienfreunds unter, Raoul und Florian in der Wohnung eines Onkels in Frohnau. Die wurde so etwas wie eine Stilnest-WG, Mike schlief dort mit Raoul in einem Bett, wenn er zu Besuch aus Salzburg kam. Und Michi zog auch mit ein, weil er keine Wohnung fand. Wir richteten bei Tim in der Wohnung unser Büro ein. Die Wände waren unverputzt, wir arbeiteten an Schreibtischplatten von Ikea – zwischen Umzugskartons und Computer-Kabeln. Bei unserem Lieblingsimbiss um die Ecke aßen wir fast jeden Mittag Fusilli für 4,90 Euro. Abends gab es dann günstiges 5.0-Dosenbier. So sah unsere neue Welt aus.

Eine Mitstudentin aus Friedrichshafen half uns bei der Arbeit. Sie war mitgezogen, um uns bei Stilnest zu unterstützen. Sie kündigte aber nach wenigen Tagen wieder, weil sie die Enge und unsere bescheidenen Verhältnisse nicht mehr aushielt. Ein kleines Zimmer und ein Klo, das wir uns zu siebt teilten – das stank ihr im wahrsten Sinne des Wortes. Wir konnten es ihr nicht verdenken.

Parallel liefen die Verhandlungen mit Klingel. Es sah mittlerweile ganz gut aus. Wir hatten einen Termin beim Notar, dort würden wir die Verträge unterschreiben. 420 000 Euro sollten wir bekommen. Die Unternehmensbewertung trieb das auf 2 Millionen Euro. Es fühlte sich an, als könnten wir uns ein bisschen freuen.

Wir zahlten uns weiter noch keine Gehälter aus, mussten aber die Produktion am Laufen halten. Es war März und am 31. Mai ging uns nach unseren eigenen Berechnungen das Geld aus, das war der Endtermin, dann war alles weg. Wir waren beruhigt, dass wir jetzt schon im Frühjahr neues Geld bekommen sollten.

Die Verträge, die wir mit Klingel unterschreiben sollten, waren aus meiner Sicht nicht gut. Wir müssten Stilnest für sehr viel Geld verkaufen, bis wir überhaupt irgendwelches Geld sehen würden. Einige Klauseln waren nicht mehr üblich in der Branche. Es fehlte nur noch, dass wir dem Geldgeber die Namensrechte für unsere erstgeborenen Kinder überschreiben sollten. Doch wir waren ja erst einmal froh, dass jemand bei uns einsteigen wollte. Und wer sagte schon, dass wir es nicht schaffen könnten?

Die anderen interessierten sich nicht so für das Thema Investition und verließen sich auf mich. Und ich kannte mich noch nicht aus, ich wusste nicht, was die Regeln waren. Wir verhandelten, so viel wir konnten. Ich fragte bei Bekannten rum, ob sie die richtigen Regeln der Branche kennen würden.

Was mich wunderte: Eigentlich war bis dahin alles sehr einfach gewesen. Wir hatten den Klingel-Chef persönlich getroffen, der Pitch lief gut, wir hatten keine großen Aussetzer und plausible Antworten auf seine Nachfragen. Hatte er Zweifel bekommen? Ich ging diese halbe Stunde mit dem Klingel-Chef in den Monaten danach Tausende Male durch. Aber eine Erklärung fand ich nicht, warum er doch später Zweifel bekam.

Während wir auf die Finanzierung warteten, arbeiteten wir wie wild – bis zur Erschöpfung. Und es entstanden Dinge, von denen wir nie geträumt hatten. Wir schrieben verschiedene Designer aus unserem Netzwerk an, um ein neues Projekt auszuhecken. Eine Kuckucksuhr sollte entstehen, nur mit Materialien aus dem 3D-Drucker. Es sollte Kunst sein, die sich nur mit dieser besonderen Technologie erschaffen ließ. Künstler aus Mexiko, Großbritannien und Belgien, die sonst Schmuck bei uns verkauften, machten mit. Menschen, die wir noch nie persönlich getroffen hatten, gestalteten mit uns eine Kuckucksuhr. Ganz in weiß mit einem in sich geschwungenen Pendel. Als Flo die verschiedenen Teile zusammensetzte, kamen wir aus dem Staunen nicht mehr heraus. Die Uhr sah perfekt aus.

Wir fuhren damit nach London auf eine Messe, um allen zu zeigen, was wir konnten. Dieses Schmuckstück sah nicht mehr aus wie ein Studentenprojekt. Das war Kunst der Avantgarde. Das einzige Problem auf der Messe war, dass wir sie nicht richtig an der Wand befestigen konnten, sie stand etwas ab. Für den ganz perfekten Auftritt reichte es noch nicht. Aber wir waren trotzdem so stolz. Über den Pressesprecher der Uni bekamen wir den Kontakt zur *Badischen Zeitung*, deren Redakteur begeistert war. Die Zeitung packte uns auf die Titelseite – wir konnten es kaum fassen. Um eine Ausgabe zu kaufen, fuhren wir – nach einem Besuch bei Klingel – auf dem Rückweg einen großen Umweg, um in einem badischen Kaff die Zeitung zu bekommen. Durch mehrere Dörfer mussten wir fahren, denn die kleinen Zeitungsläden und Tankstellen hatten die Zeitungen nicht mehr. »Lag das nur an unserer Kuckucksuhr?«, scherzten wir.

Schließlich fanden wir ein letztes Exemplar in einer Dorftankstelle. Ich hielt die Zeitung in der Hand, während Michi und Raoul um mich herumstanden und andächtig auf das Titelfoto schauten. Für mich war dieses Projekt ein Beispiel dafür, was wir als Start-up leisten konnten. Einer aus dem Team hatte die etwas verrückte Idee, eine Kuckucksuhr mit der Hilfe von Künstlern aus aller Welt zu gestalten. Und niemand sagte: »Häh, was soll das denn?« Oder: »Dafür bleibt keine Zeit.« Oder: »Die Uhr wird niemals funktionieren.« Und dann kam so etwas Geniales dabei heraus.

Zurück in Berlin ging der Alltag weiter. Wenn wir uns am Abend mal ein paar Bier gönnten, schlief Raoul manchmal in der S-Bahn nach Frohnau, eine der letzten Haltestellen der S1, ein – und wachte erst am anderen Ende von Berlin wieder auf. Abseits der Schlaffahrten führten wir ein rastloses Leben.

Immerhin fanden wir nach einigen Wochen der Suche ein neues Büro, dort sollte es bald hingehen. Es schien, als würde endlich alles mal laufen. Wie unsere Kuckucksuhr. Sie sollte einen ganz besonderen Platz in unserem neuen Raum bekommen. Innen hatten wir sie so verkabelt, dass bei jedem verkauften Schmuckstück der kleine Vogel aus dem Haus kam und das Kuckucksgeräusch von sich gab. Noch war es still im Raum. Aber das sollte sich bald ändern.

DIESER VERDAMMTE ANRUF

Manche Ereignisse brennen sich in das Gedächtnis ein. Wenn jemand fragt: »Wo warst du, als die Terroranschläge in New York passierten?«, hat darauf jeder eine Antwort.

Ich weiß noch genau, dass ich in der Küche von Tims Wohnung stand, als unsere persönliche Katastrophe ihren Lauf nahm. Ludger, der Mann, der bei unserem zukünftigen Investor Klingel arbeitete, rief mich an. Ich lief mit meinem Handy von meinem Arbeitsplatz im Wohnzimmer in die Küche, um in Ruhe sprechen zu können. Ich schaute in die Frühlingssonne auf den Fußballplatz, den man von Tims Wohnung aus beobachten konnte. Wie in Zeitlupe erinnere ich mich an diese Idylle.

Eine andere Wirklichkeit drang durch das Telefon in meinen Kopf. Ludger machte klar, dass der hochrangige Manager des Unternehmens auf Lautsprecher mit im Gespräch war. Bei mir klingelten alle Alarmglocken – wenn jemand so Wichtiges mit am Telefon ist, bedeutet das: Es ist Showdown. Unser Notartermin war nur drei Tage entfernt. Es konnte doch eigentlich nichts mehr schiefgehen.

Es war klar: Irgendetwas war passiert. Wenn die Freundin sagt: »Wir müssen reden, Julian«, dann ist die Beziehung wahrscheinlich gleich zu Ende. Und so war es mit der Finanzierung auch.

Klingel könne das Investment nicht machen, weil ich zu jung sei, sagten sie auf der anderen Seite. Ich musste erst einmal durchatmen. Es sei die Entscheidung des Chefs, den wir in der Konzernzentrale in Pforzheim getroffen hatten. Ein Teil des Problems war: Wir hatten über Wochen nicht mit den Leuten gesprochen, die das letzte Wort hatten, die die wirklich wichtigen Entscheidungen trafen. Bei Finanzierungen können Menschen zudem immer ihre Meinung ändern, das kannten wir ja schon von

»Wenn die Freundin sagt: ›Wir müssen reden, Julian‹, dann ist die Beziehung wahrscheinlich gleich zu Ende. Und so war es mit der Finanzierung auch.«

der Money-Oma Theodor. Und dafür brauchten sie nicht einmal eine gute Begründung. So war es auch jetzt.

Nach sieben Monaten, die wir in Kontakt standen, fiel Klingel jetzt auf, dass ich zu jung war, mit meinen 24 Jahren. Das ist ungefähr so willkürlich, als wäre dem Chef plötzlich eingefallen: »Mein Sack kratzt, deswegen passt mir eure Unternehmensbewertung nicht.«

Ich riss mich zusammen und versuchte eine Lösung zu finden: »Würdet ihr denn einen erfahrenen Geschäftsführer stellen?«, fragte ich.

Nein, würden sie nicht.

»Aber würdet ihr ihn bezahlen«, fragte ich.

Nein, hieß es.

Ich verstand die Welt nicht mehr. Wie sollte es weitergehen? Wir legten auf, und alles schien vorbei. Ich war fertig. Nach den vielen Aufs und Abs war dieses Telefonat unser Sargnagel. Ich spielte alle Situationen durch, um zu überlegen, was jetzt noch möglich sein könnte.

Von dem Investment, das wir bekommen sollten, einen extra Chef oder Chefin zu bezahlen, war unmöglich. Er oder sie würde mindestens 80 000 Euro an Jahresgehalt verlangen – wir begnügten uns pro Person mit 26 400 Euro im Jahr, die wir uns nach der Finanzierung auszahlen würden. Wir müssten massiv sparen, sonst würde das Geld für weniger als ein Jahr reichen, schließlich wollten wir ja auch viele andere Dinge damit finanzieren.

Ludger rief danach noch einmal an. Er entschuldigt sich nie, auch jetzt nicht, aber er ist ein grenzenloser Pragmatist. Er sprach davon, dass wir jetzt »über Bande« spielen müssten. Ich verstand nicht, was er damit meinen könnte. Ich war einfach nur am Boden. Ich sah das Ende von Stilnest vor mir. Wir hatten es schließlich ausgerechnet. Bis Ende Mai hatten wir Zeit. Und die Zeit raste.

MUSS ICH MICH SELBST RAUS- SCHMEISSEN?

Als CEO gab es für mich bei jedem Rückschlag gleich zwei unangenehme Momente. Den ersten, wenn ich die Nachricht bekam. Und den zweiten, wenn ich sie dem Team mitteilen musste. Das hatte ich schon bei dem fast geplatzten Investment durch Theodor gemerkt. Oft war ich nur der Nachrichtenübermittler, trotzdem fühlte es sich ein bisschen nach einer persönlichen Niederlage an. Als hätte ich das Vertrauen meines Teams und der Mitgründer enttäuscht.

Ich blieb eine Weile in der Küche stehen und schaute auf den Fußballplatz. Ich sehnte mich danach, einfach mal wieder ohne den Druck kicken zu können wie die Kids auf dem Rasen. Als ich zurück ins Wohnzimmer ging, saßen die Jungs vor mir auf einem Sofa, das so aussah, als hätte es den Staub der vergangenen 200 Jahre aufgenommen. Erst nahmen sie keine Notiz von mir, sondern arbeiteten einfach weiter. Nacheinander schaute jeder von ihnen auf, als sie merkten, dass ich mitten im Raum stand und keine Anstalten machte, meinen Platz einzunehmen und weiterzuarbeiten, wie ich es sonst immer tat.

»Klingel zieht sein Investment zurück«, sagte ich. »Weil sie mich für zu jung halten.« Die Nachricht war überbracht. Ich hätte ihnen auch erzählen können, dass gerade Aliens auf dem Sportplatz gelandet seien. Sie schauten mich ungläubig an: »Was ist bei denen denn kaputt?« Der Puls von allen war plötzlich gestiegen.

Ich ergriff wieder das Wort: »Ich habe überlegt, dass ich aus dem Unternehmen rausgehe und wir einen anderen Chef reinholen.« Ich wollte unbedingt beweisen, dass Stilnest funktionierte. Wenn der Preis war, dass ich dafür selbst gehen müsste, dann war das eben so. Mich aus meiner eigenen Firma zu feuern, wäre die härteste Entscheidung meiner kurzen Start-up-Karriere gewesen. Unzählige Stunden hatte ich mit Stilnest verbracht, ich brannte für unser Unternehmen. Wenn ich morgens anfing zu arbeiten, kam Tim gerade aus der Dusche oder schlürfte noch seinen ersten Kaffee. Die anderen trudelten nach und nach ein. Das sollte nun also zu Ende sein.

Einer auf dem Sofa sagte: »Ohne dich wollen wir das nicht weitermachen. Entweder zusammen oder gar nicht.« Wir machten uns noch eine Weile darüber lustig, wie bescheuert diese Begründung doch gewesen sei. Es war ein gutes Gefühl, auch wenn ich mit dem Schlimmsten gerechnet hatte. Für das Start-up wäre ich bereit gewesen, meine persönlichen Pläne hintenanzustellen.

Mir wurde noch einmal bewusst: Es ging meinen Mitstreitern und mir nicht so sehr um die Mission, sondern vor allem darum, mit diesem Team etwas aufzubauen. Keiner von uns war vor der Stilnest-Gründung ein großer Schmuckexperte gewesen. Wir wollten mit unseren Freunden das größte Abenteuer unseres bisherigen Lebens erleben.

Wir stellten uns vor, wie ein 40-jähriger Manager plötzlich in das Unternehmen kommen würde. Aus unserer Sicht war eines klar. Das wäre ein »Dead on arrival«, wie es im Englischen heißt, tot bei der Ankunft. Ein externer Manager würde den Spirit der ganzen Firma zerstören, vor allem unsere Motivation. Kein Manager wäre bereit, jeden Tag von halb neun Uhr morgens bis Mitternacht mit uns zu arbeiten und das Tempo und die Leidenschaft aufzubringen. So sahen wir es zumindest. Uns war es nie um Gehälter, Stundenlöhne oder Karriereplanung gegangen, sondern um unser gemeinsames Ziel: eine Firma aufzubauen.

Wie so oft bei diesen Rückschlägen kamen wir zu keinem Schluss. Eine Lösung war nicht abzusehen. Stattdessen setzten wir uns an unsere Schreibtische und legten wieder los. Der Sprung in die Arbeit verhinderte zuverlässig, dass wir uns im Strudel des Zweifels verloren. Es half, wenn jeder – mit Kopfhörern – vor seinem Computer saß und einfach weitermachte. Aber das konnte es noch nicht gewesen sein.

Als Gründer braucht man gute Verdrängungsmechanismen, sonst müsste man nach so einem Telefonat alles hinschmeißen. Wir taten einfach so, als sei nichts passiert, und suchten in den folgenden Wochen nach einem neuen Büro im angesagten Stadtteil Prenzlauer Berg. Und wir wurden fündig: Als Untermieter sollten wir bei einer Kleinunternehmerin einziehen, die Krams über das Internet verkaufte. Weil es wohl nicht so gut lief, wollte sie das Büro an uns untervermieten. Dass das Geld bald alle war, verschwiegen wir lieber – es hätte wahrscheinlich ihre Skepsis gegenüber Start-up-Unternehmern wie uns weiter erhöht.

Das ganze Büro gehörte eigentlich dem Inhaber eines Ladens für Musikinstrumente, vorn an der Straße. Viele Käufer haben wir dort nie gesehen, aber ihm gehören einige Wohnungen und Büros, und durch die Mieten verdiente er bestimmt ganz gut. Er mochte uns von Anfang an nicht, grüßte uns nie und beschwerte sich sofort bei dem kleinsten Problem. Es krachten hier zwei Welten – Hipster-Gründer und Laden-Spießer – aufeinander. Unsere langen Arbeitssessions oder die gemeinsamen Abende im Hof regten unsere Nachbarn sofort auf. Wir waren in ihren Augen Eindringlinge.

Das Büro und der Hinterhof waren allerdings wunderschön. Es standen überall Sträucher – durch das viele Grün hatte ich den Eindruck, ich käme in eine andere ruhige Welt, wenn ich von der betriebsamen Brunnenstraße in unseren Hof einbog. Wir belegten mit unseren Büros den ersten Stock.

Die Kleinunternehmerin hatte sich in der ersten Zeit vorgenommen, dass wir sie doch mögen müssten. Sie plauderte öfter mit uns, nannte die Namen von bekannten Gründern, mit denen sie zusammenarbeitete, um uns zu signalisieren, wie wichtig sie war. Konkrete Dinge erzählte sie nie über ihr Online-Geschäft. Für mich war diese Frau ein Beispiel für die Lebenslügen, die viele Menschen in Prenzlauer Berg lebten. Sie wollten sich selbst verwirklichen, begriffen aber nicht, dass auch der schönste Beruf immer noch Arbeit bedeutet. Ich merkte schnell, dass sie keine Lust hatte, sich um ihr eigentliches Geschäft zu kümmern.

Eine Künstlerin lebte in der Wohnung nebenan. Auch sie wollte erst gemocht werden, erzählte uns, dass sie ja auch mal jung gewesen sei – und von ihren Anfangsabenteuern, die ich sofort wieder vergessen habe. Sie arbeitete in der Nacht und wollte am Tag schlafen, und wir hatten aus Mangel an Alternativen die Bank gegenüber ihrem Fenster im Innenhof als provisorischen Meetingraum umfunktioniert. Sie schrie dann schonmal über den Hof oder klingelte wütend bei uns.

Für uns war das eher unterhaltsam. Manchmal fühlte ich mich wie in einer Zweck-WG, in der das Zusammenleben schwierig ist und der Putzplan nicht eingehalten wird. Unser Eindruck war: Wenn die beiden Nachbarn gestresst waren, ließen sie ihre pseudolockere Verkleidung fallen und wurden zu giftigen Gartenzwergen. Im Grunde fanden wir alle Mietparteien reichlich komisch, aber das beruhte vermutlich auf Gegenseitigkeit.

In dieser Zeit wollten wir auch die ersten Mitarbeiter einstellen, natürlich alle als Praktikanten. Für mehr war kein Geld da. Bislang beschäftigten wir Freunde und Menschen aus dem Umfeld meiner Uni. Für manche Aufgaben waren sie gut, zum Beispiel wenn es darum ging, die Probleme auf einer Strategieebene zu lösen. Auf der Metaebene fühlten sie sich wohl. Sie konnten Zielgruppen analysieren oder sich über die Markenwahrnehmung Gedanken machen. Aber wir mussten eher potenzielle Kunden anrufen, E-Mail-Newsletter aufsetzen oder Blogeinträge schreiben, das war eigentlich gerade angesagt. Unsere bisherigen Beschäftigten wollten bei allen Entscheidungen gerne mitbestimmen und waren deswegen oft doppelt zeitraubend: Ich hatte weniger Zeit, und ihre eigentliche Arbeit wurde auch nicht erledigt.

Gerade am Anfang brauchten wir keine Strategiegenies, sondern Leute, die anpacken konnten. Wir mussten aus den Fehlern bei der praktischen Arbeit lernen. Die Wahrscheinlichkeit, dass wir den richtigen Weg finden würden, stieg schließlich dadurch, dass wir tausend falsche Wege wählten.

Etwas enttäuscht von der fehlenden Bereitschaft unserer ehemaligen Uni-Kollegen, sich auch mal die Hände schmutzig zu machen, machten wir uns auf die Suche nach anderen Leuten in Berlin. Als wir die Jobanzeigen im Internet freischalteten, waren wir unsicher, ob sich überhaupt jemand bei uns bewerben würde. Wir waren ja gerade erst von der Uni gekommen. Nur wenige Menschen kannten unser Unternehmen. Was sollte bitte dieses Stilnest sein?

Und ich wusste noch genau, wie es sich auf der anderen Seite anfühlte. Es war ja noch nicht so lange her, dass ich mich um den Studienplatz an der Uni bemüht hatte. Noch vor kurzem hatte ich aufgeregt im Bewerbungsgespräch gesessen. Nun waren wir plötzlich die Gatekeeper. Die Vorstellung war ungewohnt.

Tatsächlich bewarben sich mehrere Leute auf unsere Stelle. Eine davon war Jotta. Auf einer Bank im Hof führten wir das Vorstellungsgespräch. Sie studierte damals Kommunikationsdesign, und ich merkte, dass sie richtig loslegen wollte. Das brauchten wir dringend.

Schon in dieser chaotischen Zeit habe ich mich gut auf die Gespräche vorbereitet. Mein Trick war, gleich konkret nach Beispielen zu fragen. Wenn jemand sagte: »Ich bin teamfähig und stressresistent«, fragte ich: »Kannst du mir eine Situation schildern, in der du das bewiesen hast?« Die meisten überlegten dann lange und fingen an, sehr vage Geschichten mit vielen Ungereimtheiten zu erzählen, oder berichteten von Situation, in denen sie mit viel Wohlwollen nur ein Fünkchen dieser Qualitäten bewiesen haben. Die Methode war ein guter Weg, um herauszufinden, was die Leute wirklich dachten.

Jotta überzeugte uns, wie genau, weiß ich nicht mehr – und der Eindruck hatte nicht getäuscht. Sie wurde das Rückgrat der Firma: Als ein Jahr später zu Weihnachten viele Päckchen zur Post mussten, war sie die Erste, die sich bereit erklärte, morgens und abends zu fahren. Sie besaß auch ein Auto, womit sie zu der Zeit mittlerweile allein war im Team. Tim und Raoul hatten ihre Autos verkauft, um Geld zu sparen. Damit sollte uns Jotta den Arsch retten. Viel Geld verdiente sie im Lauf der Zeit nicht, aber sie wäre nie auf die Idee gekommen, nach einem Ausgleich für die Autofahrten zu fragen. Wir gaben ihn ihr später natürlich.

Über die Jahre war Jotta unsere Allzweckwaffe: Sie kümmerte sich mal um den Vertrieb, mal um das Office-Management, mal um das Marketing. Sie ließ keinen Bereich aus und brachte mit ihrem Pragmatismus und dem Willen, Strukturen aufzubauen, viel Ordnung in das Chaos.

Gleichzeitig war sie das Bindeglied zwischen den Mitarbeitern und uns. Wenn schlechte Stimmung herrschte, fragten wir Jotta, was denn falsch liefe, und sie lenkte uns dann – ohne das Vertrauen der Mitarbeiter zu missbrauchen – in die richtige Richtung: Sie schlug etwa vor, dass wir unsere Entscheidungen besser erklären sollten. Auf diese Weise lösten sich einige Konflikte.

Nach dem ersten Praktikum ging sie wieder an die Uni, blieb aber als Werkstudentin. Sie holte ihre Zwillingsschwester ins Unternehmen, sodass es öfter zu Verwechslungen kam, weil wir Mary und Jotta zuerst kaum auseinanderhalten konnten. Jotta lud das ganze Team zu ihrem Geburtstag ein und freute sich unglaublich, als wir als ganze Truppe auftauchten.

Bei Jotta merkte ich zum ersten Mal, was wir mit unserem Unternehmen geschaffen hatten. Sie verbrachte ihre Zeit mit uns, anstatt woanders und mit jemand anderem zu arbeiten. Sie baute bei ihrer Lebensplanung auf uns und dass es uns morgen noch geben würde. Wir hatten sie überzeugt, ohne dass sie uns vorher kannte.

In den folgenden Monaten stellten wir immer wieder Leute an – und ich merkte, wie jeder dieser Menschen den Druck auf uns und vor allem auf mich erhöhte. Gleichzeitig stieg auch der Stolz auf das, was wir mit Stilnest erreicht hatten. Auch wenn es die Firma irgendwann nicht mehr geben sollte: Ihr Geist würde vielleicht doch bleiben. All die Anstrengung war auch für Menschen wie Jotta. Wenn ich heute auf diese Zeit zurückblicke, denke ich: Ich hätte viel mehr Zeit darauf verwenden sollen, mich um unsere Mitarbeiterinnen und Mitarbeiter zu kümmern. Denn sie waren das Rückgrat unserer Firma.

Stattdessen bemühte ich mich viel um die Investoren, schließlich war unser Geschäftsmodell auf Wachstum ausgelegt. Und wir brauchten das Geld. Ein typischer Mittelständler wächst Jahr für Jahr behutsam, um in 30 Jahren als Weltmarktführer einer Nischentechnologie wie Pumpenhydraulik für Ölbohrungen in der Tiefsee dazustehen. So lief das in unserer Welt nicht. Wir bauten darauf, dass wir mit fremden Investitionen binnen weniger Jahre Marktführer werden würden. Denn wegen der Digitalisierung musste man schnell sein, um einen Markt zu dominieren. Und dafür brauchten wir jedes Jahr neues Geld von Investoren, um weitermachen zu können. Ich sprach in den Wochen im Frühjahr wieder mit verschiedenen Geldgebern, noch stand alles offen.

Ludger, der ja eigentlich mit Klingel in uns investieren wollte, hatte uns an einen öffentlichen Geldgeber aus Berlin vermittelt, die

Investitionsbank Berlin mit ihrer Beteiligungsgesellschaft. Die war grundsätzlich interessiert, sagte aber, dass wir mehr Geld einsammeln sollten. Die anvisierte Summe würde vielleicht für ein halbes Jahr reichen, und dann bräuchten wir schon wieder neues Geld. Die Bank würde nur investieren, wenn es uns gelänge, mehr als eine halbe Million Euro einzusammeln. Als öffentlicher Investor war die Bank nur berechtigt, maximal die Hälfte zu finanzieren. Der andere Teil der Finanzierungsrunde musste von privaten Geldgebern kommen. Ich sprach mit drei Investoren. Der eine verwaltete das Geld von einem wohlhabenden Unternehmer, der als früher Business Angel über die Uni ein wenig Geld investiert hatte. Er sagte immer zu mir: »Julian, sorry, it just doesn't move my needle.« Was er meinte: Die Beträge seien zu klein für ihn. Ja, richtig gehört: Er wollte nicht so wenig Geld in das Unternehmen stecken.

Auch wenn es nach einem Luxusproblem klingt, ich konnte ihn verstehen. Vermögensverwalter müssen insgesamt große Summen investieren. Deswegen wollen sie wegen des Aufwands nicht in zu viele kleine Projekte investieren. Doch so klein sah ich Stilnest gar nicht. Ich sagte zu ihm: »Dann investier doch mehr.« Doch das wollte er auch nicht, denn dafür waren wir noch nicht weit genug.

Ein anderer wohlhabender Unternehmer – auch aus der Universitätszeit – sagte uns dann 200 000 Euro zu. Wir wussten mittlerweile: Wir dürfen uns erst freuen, wenn wir beim Notar unterschrieben haben. Sonst kann alles noch kippen. Immer und immer wieder.

Wir freuten uns trotzdem diebisch darauf, Klingel eine E-Mail zu schicken, in der wir unsere Finanzierungsrunde ohne sie verkünden würden. Es würde uns leid tun für Ludger, der sich richtig für uns ins Zeug gelegt hatte. Aber die Vorstellung, es Ludgers Chef gezeigt zu haben, erfüllte uns mit Genugtuung.

Doch wir freuten uns zu früh. Irgendetwas passierte bei dem Unternehmer im Hintergrund. Wir wussten nur nicht, was. Erst sagte er mir: »Ich investiere doch nur 100 000 Euro.« Die ursprüngliche Summe hatte sich plötzlich halbiert. Und kurze Zeit später meldete er sich nochmal und schraubte den Betrag weiter runter – auf null. Er war raus. Wieder einmal platzte eine Finanzierungsrunde, für die schon der Notartermin angesetzt war.

Was war da los? Hatte er mit einem Freund gesprochen, der ihm davon abgeraten hatte? War die Anfangseuphorie plötzlich wieder verflogen? Wir wussten es nicht. Wahrscheinlich war es einfach zu viel Geld für den Unternehmer, um es in eine einzelne Firma zu stecken. Private Investoren geben meist nur 10 000 oder 20 000 Euro pro Start-up. 200 000 Euro, das wäre ein großes Risiko gewesen.

Das half uns allerdings alles nichts: Es war kurz vor Spielschluss, und wir lagen hinten. Gefreut hatten wir uns sowieso noch nicht, aber die Finanzierung entglitt uns abermals. Immerhin waren wir dieses Mal schlau genug gewesen, den Champagner noch nicht kalt zu stellen.

Es schien schon fast zu spät, als eine Nachricht in meinem Postfach aufploppte. Sie stammte von Ludger. Wir hatten seit Wochen nichts mehr von ihm gehört. Nun schrieb er mir, dass es doch noch eine Möglichkeit für das Investment gebe. Er hatte sich einen Plan B überlegt. Er erzählte dem CEO, dass wir andere Investoren gefunden hätten und kurz vor einem Vertragsabschluss ständen. Damit waren wir plötzlich wieder interessant. Aber ganz so einfach wollte es der Klingel-Chef mir dann doch nicht machen: Um seine Bedenken auszuräumen, wollte er in einem Assessment-Center prüfen, ob ich wirklich fähig für den Geschäftsführerposten sei.

Assessment-Center werden heute häufig in Bewerbungsverfahren eingesetzt, um zum Beispiel zu prüfen, wie jemand mit einem Team zusammenarbeitet. Es gibt sie aber auch in der Industrie. Werden große Mittelständler verkauft, kann der neue Eigentümer mit Assessment-Centern testen, wer vom alten Management etwas taugt. Das ist also eigentlich etwas für gestandene Führungskräfte von Mitte 50. In der Start-up-Welt war dies ungewöhnlich. Aber egal, es war unsere Chance.

Es war eine Probe, die ich allein bestehen musste. Von meiner Leistung an diesem Tag hing das Fortbestehen der Firma ab. Das war mir in jeder Minute bewusst. Aber es machte mich nicht nervös, sondern stachelte mich an. Ich war bereit und wollte zeigen, was ich kann. Und so reiste ich Mitte April in die Nähe von Mülheim zu einer Manager-Personalberatung.

Das Unternehmen, das bezeugen sollte, dass ich als Gründer tauge, war in einem schicken, freistehenden Einfamilienhaus untergebracht. Der breite Kiesweg, die verchromte Pforte und das große Schild deuteten an, dass hier keine Familie wohnte.

Ich wurde von einem Herrn um die 40 begrüßt – schlank, freundlich, elegant gekleidet, aber auch beobachtend und mit einem Gesichtsausdruck, der alles bedeuten konnte. »Ich soll dich von Bernhard grüßen«, sagte ich sofort. Ein Freund der Familie hatte eng mit meinem Prüfer zusammengearbeitet, und ich war zufällig über die Verbindung gestolpert. Ich wollte zumindest ein paar Sympathiepunkte bekommen, eine Verbindung zu der Familie war da ein guter Anfang.

Der Prüfer schmunzelte, ließ sich aber nicht in die Karten schauen. Er war auf das Pokerface trainiert. Nach kurzem Warten ging es los. Ich hatte es geschafft, den Druck, der auf mir lastete, in Energie umzumünzen. Aufgeregt war ich nicht, ich musste jetzt einfach alles geben – das wusste ich. Ich kannte das von meinen Handballspielen in der Jugend. Vor den Spielen war ich immer nervös, aber auf dem Platz befand ich mich im Tunnel.

MUSS ICH MICH SELBST RAUSSCHMEISSEN?

Es ging los mit einer Postkorbübung: Ich sollte Aufgaben sortieren und sagen, welche Priorität sie haben und wie ich sie löse. So sehr ich mir auch eingebildet hatte, ruhig zu sein: Ich weiß heute nicht einmal mehr genau, was das für Aufgaben waren.

Mit einem Rollenspiel machten wir weiter. Als Geschäftsführer eines Unternehmens, das Siliziumleiter herstellte, sollte ich entscheiden, wo eine neue Fabrik eröffnet werden soll. Dazu gab es ein paar Fakten. Auf der Zugfahrt hatte ich gerade etwas von neuen Fördergeldern gelesen und baute diesen Fakt geschickt in meine Antwort ein. Mein Vater hatte kurz nach seinem Studium bei Siemens geholfen, Assessment-Center einzuführen, deswegen war ich auf solche Übungen gut vorbereitet.

Eine weitere Aufgabe folgte, in der ich einem überforderten Mitarbeiter, der gerade aufgestiegen war, erklären sollte, dass er seiner Führungsverantwortung nicht nachkäme. Ich versuchte, mein Gegenüber, den frisch beförderten Manager, der von meinem Testleiter gespielt wurde, irgendwie zu beruhigen – und herauszufinden, wo das Problem lag. Der überforderte Vorgesetzte beschwerte sich immer stärker über die anderen Mitarbeiter. Freundlich, aber bestimmt gab ich ihm zu verstehen, dass er das Problem sei. Ich schaute ihm die ganze Zeit direkt in die Augen und beugte mich leicht vor, um ihm meine Botschaft besser zu vermitteln. Wie im Flug ging der Tag vorbei.

Zum Schluss bestellten wir noch Pizza, und mein Prüfer gab mir ein Feedback. Er sagte, ich könne schwierige Probleme gut lösen – und er erkenne eine Führungskompetenz bei mir. Allerdings sei ich in meinem Führungsstil noch nicht gefestigt. Die grundsätzliche Beurteilung würde erst in ein paar Wochen kommen und sie gehe direkt zu unserem potenziellen Investor Klingel. Ich würde sie also wahrscheinlich nie sehen. Ich lief über den Kiesweg, ein bisschen zuversichtlicher als zuvor. Hatte ich es geschafft?

Die richtige Prüfung für unseren Start-up-Ritt durch Krisen und Erfolge war dieser Test nicht, wie ich später merkte. Er war ausgerichtet auf diejenigen, die in bestehenden alten Firmen arbeiten und dort die Entscheidungsstrukturen verändern müssen. Das Geschäft läuft in diesen Unternehmen schon gut, und der Chef oder die Chefin muss die richtigen Stellschrauben finden – das ist auch nicht leicht.

Unsere täglichen Aufgaben waren viel existenzieller. Wir kämpften ums Überleben, wir mussten unser Produkt finden, unseren Stil und unsere Kultur herausbilden. Und das aus dem Nichts. Diese Aufgabe erforderte ganz andere Fähigkeiten. Ich hätte in so einem Test etwa gefragt: »Wie würdest du dein halbes Team motivieren, wenn du die andere Hälfte entlassen musst? Was passiert, wenn ein Investor plötzlich abspringt? Wie reagierst du, wenn die Kunden das Produkt erst einmal nicht kaufen wollen?« Wir bei Stilnest konnten so viel aus unseren eigenen Fehlern lernen, dafür brauchte es eigentlich kein Assessment-Center – Klingel hätte nur mal fragen müssen, wie ich mit den bisherigen Krisen umgegangen war.

Eine kurze Zeit lang fühlte ich mich gut nach dem Test. Aber Klingel meldete sich nicht, und das Geld wurde von Tag zu Tag knapper. Doch auch in dieser neuen Krise gab es wieder einen Hoffnungsschimmer – wie so oft. Für uns tat sich eine weitere Chance auf, die ich sofort anging. Ich hatte einen neuen interessierten Investor aufgetan in der Nähe von Leverkusen. Und den galt es zu überzeugen.

ZURÜCK IM KELLER MEINER ELTERN

Ich saß im Keller auf einem alten Sofa, als meine Welt das erste Mal ins Taumeln geriet. Für eine Nacht war ich zu meinen Eltern nach Paderborn gekommen, auf der Durchreise zum Treffen mit dem Investor aus Leverkusen. Die Gedanken schossen von allen Seiten durch meinen Kopf.

Das Geld für Stilnest reichte nicht mehr lange, am nächsten Morgen musste der Investor zusagen, sonst sah es verdammt düster für das aus, wofür ich in den vergangenen zwei Jahren gekämpft hatte. Meine Freunde waren für das Unternehmen nach Berlin gezogen, sie zählten auf mich. Ich musste es einfach schaffen.

Ich brauchte dabei meine volle Energie, um allen zu zeigen: Ich glaube selbst am meisten an den Erfolg. Ich musste vor dem Investor sprechen und ihm vermitteln: Unsere Idee ist geil – und es läuft super. Und ich war zusätzlich auf alle meine Fähigkeiten als Führungsperson angewiesen, um einhalten zu können, was ich dem Team und den Investoren versprochen hatte. Nämlich ein Unternehmen aufzubauen, Kunden zu finden und neue Geldgeber zu überzeugen.

Zusätzlich belastete mich aber noch etwas anderes: In drei Wochen musste ich meine Masterarbeit abgeben. Auch dabei stand für mich wieder viel auf dem Spiel. 20 000 Euro hatte ich für das Studium bezahlt – nicht als Stipendium, sondern als Kredit. Wenn ich die Arbeit nicht bestehen würde, müsste ich für ein weiteres Semester 5 000 Euro zahlen. Und das konnte ich mir nicht leisten.

Die Forschung für die Masterarbeit hatte ich während meiner Zeit an der Uni erledigt, aber nun wurde mir klar: Meine Ergebnisse, viele Excel-Tabellen und Experteninterviews, ließen sich nicht einfach in wenigen Tagen in eine Masterarbeit umwandeln. Ich

»So saß ich im Keller meiner Eltern,
mit dem Szenario meines Scheiterns vor Augen:
›Wenn du es nicht schaffst, landest du erstmal wieder hier – ohne Geld, ohne Abschluss und ohne Freundin.‹«

bräuchte eigentlich drei Wochen voller Power und hatte noch drei Wochen bis zur Deadline. Dabei war gerade jetzt mein Start-up auf meine volle Energie angewiesen. Ein Gedanke drängte sich in den Vordergrund: Was ist, wenn ich beides nicht schaffe? Dann hätte ich keinen Abschluss – und wäre dann noch als Gründer gescheitert.

An diesem Abend wurde mir auch bewusst, dass die Erwartungen an der Uni groß waren. So empfand ich das zumindest. Als erstes Investment der Uni hatten sie uns hofiert – ich wollte dorthin nicht als Gescheiterter zurückkehren. Ich stellte mir vor, wie ich über den Campus laufen und alle verstohlen zu mir herüberblicken würden. Vor allem die Hämischen, die in solchen Situationen sagen: »Ich habe es immer schon gewusst, der Leitloff kann nichts.« Wie in der Serie *Game of Thrones* würden alle erst ganz leise sagen: »Shame, shame, shame.« Dann würden sie es immer lauter rufen, während ich durch eine Gasse zwischen ihnen in die Uni laufe. So in etwa stellte ich mir das in meinen Albträumen vor.

Aber das war noch nicht alles. In meiner Zeit an der Uni hatte ich eine Kommilitonin kennengelernt, die mir gefiel – und ich ihr glücklicherweise auch. Aber ich war mit meinem Kopf voll auf das Start-up fokussiert, und sie schien sich auch nichts aus einer ernsten Beziehung zu machen. So war es einfach eine sehr schöne Zeit. Als ich ihr gesagt hatte, dass wir nach Berlin ziehen würden, war sie plötzlich sehr sauer auf mich. Wir besuchten uns trotz der Entfernung manchmal. Aber sie blieb doch auf Distanz. Ich hatte beschlossen, mich nicht davon ablenken zu lassen, aber es beschäftigte mich natürlich trotzdem.

So saß ich im Keller meiner Eltern, mit dem Szenario meines Scheiterns vor Augen: ›Wenn du es nicht schaffst, landest du erstmal wieder hier – ohne Geld, ohne Abschluss und ohne Freundin.‹ Diese Vorstellung verdunkelte meinen Geist.

Vor dem Team wollte ich Stärke zeigen. Ich war die Galionsfigur. Sie vertrauten darauf, dass das nötige Geld bald reinkommen würde. Dass unser Traum nicht platzen würde.

Meine Eltern unterstützten mich immer, aber sie verstanden mich nicht. Sie fragten: »Warum tust du dir das überhaupt an?« Sie begriffen nicht, warum ich nicht einfach einen Job annehmen wollte, bei dem ich auf einen Schlag das Dreifache verdienen, nur die Hälfte arbeiten und die Last der Verantwortung abladen könnte.

Um meinen Gedanken zu entfliehen, ging ich laufen. Ich rannte um den Paderborner Lippesee, knapp zehn Kilometer Strecke. In den ersten Minuten waren die Gedanken noch wild, mit jedem Meter wurden sie ruhiger. Der Instinkt – fliehe oder kämpfe – wurde durch die Anstrengung wieder in meinen Körper geholt. Ich lief in den Kampf, die Probleme ließen sich durch körperliche Anstrengung bewältigen. Das war mein Gefühl.

Nach drei Kilometern waren die Gedanken runtergedimmt. Ich hörte nur noch den Herzschlag in meinen Ohren, die Gedanken waren weg, die Dunkelheit in meinem Kopf verschwunden.

Zurück im Keller nahm ich die Gitarre meines Vaters zur Hand und spielte ein paar Lieder. Was nach einem schlechten Film klingt, entspannte mich. Es war spät, als ich ins Bett ging und mein Geist bereit war, endlich runterzufahren. Ich schlief sieben Stunden.

Am nächsten Tag war ich klar und bereit für den Tag. Wie früher vor den Handballspielen verspürte ich wieder diese Anspannung. Sie ließ mich fokussieren. Ich fuhr zwei Stunden nach Leverkusen durch den Regenschleier eines Sommergewitters. Als ich ankam, hatte es gerade aufgehört. Ich sprach mit dem möglichen Geldgeber, er empfing mich bei sich zu Hause in der Küche. Noch in dem Gespräch sagte er mir: »Lass uns das machen, ich investiere bei euch.« Das war mir noch nie passiert, dass jemand so überzeugt war und direkt zusagte. Die Krise in meinem Kopf war überwunden. Ich hatte den Keller meiner Eltern wieder verlassen.

Für uns war Stilnest zu dieser Zeit unser Leben, auch wenn es an manchen Tagen ein Scheißleben war. Wir konnten uns nichts anderes vorstellen. Es gab damals für mich zwei Szenarien: Entweder du beißt dich durch – oder du landest bei einem großen Unternehmen als Angestellter und sagst zu deinen Kollegen: »Ja, ich habe auch mal versucht, mich selbstständig zu machen. Es hat aber nicht geklappt.« Die Vorstellung, in einem Konzern anzufangen, war für mich der Horror. Wenn du einmal frei warst, kannst du nicht mehr zurückgehen in den goldenen Käfig. Ich fürchtete, das Start-up hätte uns für eine Konzernkarriere verdorben. Es war unser Privileg, dass wir die Festanstellung weit unter unseren Füßen als sicheres Fallnetz sahen, und zugleich unsere Arroganz, dass wir auf sie hinabschauten. Andere steigen aus der Gesellschaft aus, sind ein paar Jahre auf Bandtour – unsere Rebellion war, dass wir uns mit allem, was wir hatten, dagegen wehrten, in ein geregeltes Angestelltendasein hineingepresst zu werden. Wir wollten frei sein.

Das alles gab diesem Termin und der Entscheidung eine unglaubliche Fallhöhe. In meinem Kopf verdichtete sich die Entscheidung über Bestehen und Scheitern in diesem einen Termin. Und mein Gefühl war: Ich hatte gewonnen. Endlich.

WOLLEN WIR AUFGEBEN?

Natürlich kannten wir das irgendwie schon. Den Schockzustand, wenn dann doch alles anders kommt. Ich konnte es trotzdem nicht fassen. Auch der Business Angel, den ich in Leverkusen getroffen und überzeugt hatte, sprang nach einigen Wochen ab. 200 000 Euro hatte er zugesagt. Den Termin beim Notar hatten wir schon geblockt. Alles lief nach Plan, bis es dann doch wieder schiefging.

Er sprang nicht ab, weil er nicht an uns glaubte. Ein anderes Start-up von ihm brauchte einfach kurzfristig neues Geld, zumindest sagte er uns das am Telefon. Wie wir erfuhren, handelte es sich um ein bekanntes Berliner Unternehmen. Das ist jetzt mit vielen Millionen bewertet, der Investor hat sicherlich seinen Beitrag vervielfacht. Es hat sich auf jeden Fall etwas mehr gelohnt als ein Investment in Stilnest. Im Nachhinein war es also eine weise Entscheidung.

Auch damals konnte ich sie ihm nicht übelnehmen. Er war nett im Umgang, erklärte sich – und entschuldigte sich aufrichtig. Ich glaubte ihm, denn er war sehr pragmatisch und verbindlich. Nur brachte uns das natürlich nicht weiter. Wir waren vom Pech verfolgt.

Um die Dramatik noch einmal zusammenzufassen: Erst hatte uns das Handelsunternehmen Klingel zugesagt und war drei Tage vor dem Notartermin wieder abgesprungen. Dann der Unternehmer aus Süddeutschland: Zusage für 200 000 Euro, erst auf 100 000 Euro runtergegangen und dann komplett raus. Und schließlich der Investor aus Leverkusen, ebenfalls 200 000 Euro zugesagt und kurz vor dem Notartermin wieder eine Absage.

Von anderen Gründerinnen und Gründern hörte ich oft, dass es viele Kontakte mit Geldgebern dauerte, bis ein Deal zustande kommt. Aber dass drei Kandidaten nach einer Zusage doch noch abspringen, das hatte ich auch von den vielen leidgeplagten anderen Gründern nie gehört. Wir nahmen es mit Galgenhumor und machten Witze darüber. Jemand, der mehrfach vor dem Altar stehen gelassen worden war wie wir, müsste sonst wahrscheinlich zum Psychologen.

Hätte ich es mir leisten können, dann wäre ein Coaching sicherlich gut gewesen, denke ich heute. Im Sport hat es sich schon durchgesetzt, dass jemand mit den Athleten die Niederlagen aufarbeitet und auch mental den Sieg ins Auge fasst. Aber bezahlen konnten wir es nicht, und damals waren wir im reinen Kampfmodus. Zumindest bis Mitte Mai.

Bis Ende des Monats würde unser Geld reichen, so hatten wir es kalkuliert. Und der 31. Mai rückte immer näher. Wir waren mittlerweile körperlich und mental extrem erschöpft vom Auf und Ab der vergangenen Monate. An einem Abend hörten wir früher als sonst auf mit der Arbeit und trotteten rüber zum Weinberg-Park, einem Stück Grünfläche in Prenzlauer Berg. In der Hand hielten wir alle ein Sternburger-Bier, auch Sterni genannt. Das Bier kostete am Späti nur 60 Cent, mehr war auch nicht mehr drin. Ich habe es in der Zeit schätzen gelernt und trinke es bis heute gerne.

Wir setzten uns auf den Rasen im Park, kurz oberhalb eines kleinen Sees. Keiner sprach, es herrschte Stille. Ich hatte mir vorgenommen, nicht wieder den Pitbull zu spielen. In den vergangenen Monaten hätte ich jeden im Team förmlich angesprungen, wenn er über Zweifel gesprochen hatte. Ich fürchtete, dass allein der Gedanke alles zu Fall bringen könnte. Das konnte ich jetzt nicht mehr machen, dafür war die Lage zu ernst. Es fühlte sich an wie die Stunde der Wahrheit: Weitermachen oder Hinwerfen?

Damals Ende Mai hätte alles kippen können. Einer hätte den Satz, der in der Luft hing, nur aussprechen müssen: »Jungs, es war schön mit euch. Aber ich bin raus.« Wie Dominosteine wären auch die anderen umgefallen. Wir alle hätten aufgehört und unseren Traum beerdigt. Doch irgendwie war noch niemand dafür bereit.

Einer sagte: »Wir können so doch noch nicht aufhören, ich will weitermachen.«

Nur wie sollten wir weitermachen? Wir waren völlig pleite. Bis auf meine Gitarre, eine Ovation, hatte ich alles verkauft, es war der einzige wertvolle Gegenstand, den ich noch besaß. Das mühsam angesparte Geld als Trainee bei der Deutschen Bank war bereits ausgegeben. Mein ganzes überschaubares Vermögen steckte in unserem Unternehmen. Und das drohte gerade zu scheitern.

Den anderen ging es nicht besser. In der Wohnung von Raouls Onkel in Frohnau wurde uns das oft vor Augen geführt. Unten lebte ein Nachbar, der am Wochenende Fleisch von der Metzgerei auf seinem 1000-Euro-Webergrill zubereitete. Wir konnten von unserem Balkon auf den Grill schauen. Das Wasser lief uns im Munde zusammen. Uns blieb dagegen nichts anderes übrig, als Berner Würstchen von Lidl auf unseren Billiggrill zu werfen.

Zurück im Weinberg-Park machten wir unter den Jungs eine Runde mit der Frage: Wie kannst du weiterleben? Ein bisschen Geld von den Eltern vielleicht? Das war der eine große Kostenblock. Der andere war die Miete für das Büro. Es war die große Angst unserer Vermieterin, dass wir bald keine Kohle mehr überweisen würden.

Ganz ohne Gehalt konnten wir nicht mehr lange weitermachen. Wie es schon im ersten Business-Plan hieß: Personalkosten null. Das war keine langfristige Lösung. Das Ende ließ sich mit größter Anstrengung noch ein paar Monate herauszögern. Wir diskutierten darüber im Park und waren uns schließlich einig. Niemand hatte die Hoffnung aufgegeben. Das zeigte, wie stark unser Zusammenhalt damals war. Es gab nur Stilnest. Es war in dieser Zeit unser Leben. So sehr, dass wir uns selbst ausbeuteten.

Wenn ich diese Zeilen heute aufschreibe, hört sich das nach einer einzigen Tortur an. Doch das war es nicht nur. Wir genossen diese Zeit unglaublich, die Stunden in Friedrichshafen am See, die langen Nächte um den Wohnzimmertisch, die Nudeln beim Italiener um die Ecke. Manche Sonntagnacht tüftelten wir an unserem Produkt, damit alles lief. Wer machte das schon freiwillig – und mit Spaß? Wir lebten am Existenzminimum und wollten damit nicht aufhören. Wir gingen mit neuer Kraft aus dem Park wieder nach Hause.

Es sollte sich lohnen.

Im August markierten wir uns den dritten Termin bei einem Charlottenburger Notar im Kalender. Ein Wunder war geschehen. Ludger hatte mich angerufen und gesagt, dass das Investment von Klingel doch klappte. Wir hatten die Summe für die Finanzierung endlich voll. Wie ein guter Traum kam die Nachricht nicht bei uns in den Köpfen an. Wir hörten sie, aber realisierten sie noch nicht. Zu abgekämpft waren wir mittlerweile. »Bloß nicht zu früh freuen, bloß nicht zu früh freuen«, sagten wir uns immer und immer wieder. Zusammen mit dem Berliner VC-Fonds der Investitionsbank und einem Business Angel würde Klingel knapp 700 000 Euro investieren.

Dieses Mal klappte es. Unser Unternehmen war auf dem Papier damit mehr als 2 Millionen Euro wert. Der Wert meiner Anteile lag bei mehr als 300 000 Euro, das fühlte sich schon sehr gut an. Auch wenn wir jetzt dringend beweisen mussten, was wir konnten.

Die Hälfte des Geldes hatten uns die Investoren überwiesen, den Rest sollte es geben, wenn wir bestimmte Umsatzziele erreichten. Jetzt mussten wir sofort umschalten: Vorher hatten wir eisern gespart. Nun waren die Ziele hoch gesetzt, und wir hatten das nötige Geld, um sie zu erreichen. Denn sollten wir sie nicht erreichen, hätten uns die Investoren in der Hand und könnten den Geldhahn zudrehen.

Die Verträge waren besser als bei unseren ersten Verhandlungen. Ich hatte die Unternehmensbewertung noch einmal hoch verhandelt und auch die schlimmsten Klauseln vermieden. Nur eine Klausel hatten uns die Klingel-Manager noch reingedrückt. Sollte jemand kündigen oder unfreiwillig gekündigt werden, würde die Person alle Anteile verlieren. Normalerweise ist es so, dass man einen bestimmten Anteil behalten darf – sofern ein Gründer oder eine Gründerin sich nichts zuschulden kommen lässt, etwa das Unternehmen betrügt. Es war eine ungewöhnlich strenge Klausel. Denn eigentlich sollen die Anteile am Unternehmen ja irgendwie die Zeit vergüten, in der man wenig bis nichts mit seiner Firma verdient, in der man sich – wie wir – nichts auszahlt. Die Klausel in den Verträgen bedeutete für uns: Egal, wie hart wir gearbeitet hatten oder noch arbeiten würden, wie erfolgreich wir sein würden, wie hoch die Bewertung des Unternehmens sein würde – wer geht oder gegangen wird, hat das alles für nichts getan. Natürlich wäre das auch der Fall, wenn das Start-up pleiteginge. Aber dann hätte niemand etwas davon, auch nicht die Investoren. Nun könnten sie daran verdienen und die Person, die ausschied, hätte all die Mühen umsonst auf sich genommen. Doch wir brauchten die Finanzierung dringend. Es blieb uns nichts anderes übrig, als diese Kröte zu schlucken.

Welche Macht die Geldgeber dadurch über uns hatten – besonders über mich –, sollte ich schon einige Monate später erfahren. Doch erst einmal befanden wir uns in der Honeymoon-Phase, in den geschäftlichen Flitterwochen sozusagen. Als wir uns Anfang August im Haus des Notars trafen, fiel der ganze Stress und

Ärger von uns ab. Schon allein das Haus verlieh diesem Termin etwas Offizielles. Es war eine dieser prächtigen Altbauwohnungen. Überall hingen Kunstposter, und es gab zahlreiche Retroverzierungen aus den 80er-Jahren. Ich erinnere mich, dass ich dachte: ›Diese Kunst sucht sich ein Berliner Notar aus, der mit der Zeit gehen will.‹ Sie passte so gar nicht zu dieser Welt der Anwälte, die ich mir vorstellte: steif, penibel und irgendwie staubig. In der Ecke stand ein kleiner Kühlschrank mit Cola-Flaschen.

In diesem Moment wurde mir die volle Tragweite des Termins bewusst. Unserem Start-up, das wir uns erdacht und als Projekt gestartet hatten, vertrauten nun Menschen mehr als eine halbe Million Euro an. Ich versuchte, die aufwallende Demut durch Reden zu überspielen. Der Notar – ein Typ mit tiefen Falten und poriger Haut, der aussah, als liebte er das Leben – quatschte auch ununterbrochen. Zum Beispiel davon, welche Probleme er als Hausbesitzer hatte und wie ihm der Rechtsanwalt und Politiker Gregor Gysi mit irgendeinem Fall zu Leibe rückte. Für uns war das nicht so das passende Small-Talk-Thema, ein Immobilienkauf war in unseren Köpfen so weit entfernt wie ein Lottogewinn. Unser Mitleid hielt sich in Grenzen. Hätte er doch lieber über das Wetter geredet.

Unsere Demut sollte schnell der Langeweile weichen. Drei Stunden lang las der Notar die Verträge vor, die wir dann unterschreiben sollten. Mir fiel auf, dass die meisten im Raum an den falschen Stellen die Verträge umblätterten. Ein Zeichen dafür, dass sie mit ihren Gedanken abgedriftet waren – und trotzdem so tun wollten, als wären sie noch bei der Sache. Jeder stellte im Laufe der drei Stunden ein paar Fragen, oft nur, um Interesse zu signalisieren.

Als es vorbei war, setzten wir feierlich unsere Unterschriften unter das Dokument. Es war endlich vollbracht. Wir Gründer trafen uns danach mit den Investoren zum Abendessen, das war so üblich. Ludger hatte eigenmächtig entschieden, die Kosten für das Essen zu übernehmen. Das war eine schöne Geste, denn normalerweise muss das Start-up dafür aufkommen – die Investoren lassen sich zur Feier von ihrem Geld in ein feines Restaurant einladen.

Die Geldgeber und der Business Angel unterhielten sich beim Abendessen über ihre Kunstsammlungen. Es war ein Einblick in eine andere Welt. Kunst, die man sich als Wertanlage für das Haus kauft? Wir hatten uns vor wenigen Wochen noch von Linsensuppe aus der Dose und Billigbier ernährt. Es fühlte sich merkwürdig an, dass die gleichen Leute um jeden Euro gefeilscht hatten. Ganz tief in mir drin dachte ich: ›Warum lasst ihr die Kunstsammlung nicht bleiben und investiert mehr in Stilnest? Wir machen mehr aus eurem Geld, es verstaubt nicht einfach an der Wand.‹

Als wir abends nach Hause gingen, realisierten wir als Gründer langsam, was wir gerade erreicht hatten. Es brachte uns eine tiefgreifende Befriedigung, dass wir das Geld bekommen hatten. Wie ein Champions-League-Gewinn fühlte es sich zwar nicht an, ich hätte fast mehr Euphorie erwartet. Trotzdem gab das Investment uns das Gefühl, es allen bewiesen zu haben: Viele von denen, die sich überhaupt trauen, ein Unternehmen zu gründen, scheitern an dieser wichtigen ersten Hürde. Wir hatten nun Bestätigung von Menschen, die nicht zu unseren Freunden oder Familien gehörten. Sondern von erfahrenen Geldgebern, die an die Idee glaubten. Es war eine Anerkennung, die wir brauchten. Und diese erfahrenen Geldgeber würden sich schließlich kaum täuschen. Oder?

Nicht ohne Grund spricht man bei einem Investment von einer Geldinjektion. Etwas überspitzt formuliert ist es wie eine Droge, die in dein Unternehmen gepumpt wird. Der Rausch setzt bald ein, du kannst plötzlich Dinge machen, die du dich vorher nie getraut hättest. Jetzt lag es an uns, die Erwartungen der Investoren zu erfüllen, bevor wir den nächsten Schuss brauchten. Ich musste meine Vision, die ich verkauft hatte, in die Realität umsetzen, bevor nach dem Rausch der Kater einsetzt.

In dieser Zeit lernte ich viel über Entscheidungen: Oft war das Spiel um eine finale Entscheidung nicht das Endspiel. Wie bei dem Investor aus Leverkusen, der erst begeistert investieren wollte und dann doch noch absprang. Es war vielmehr wie ein Turnier, dessen Verlauf nicht festgelegt ist, bei dem jede Niederlage das Aus bedeuten kann, es aber durch irgendwelche undurchsichtigen Regeln plötzlich doch weitergeht. Gleichzeitig ist auch ein Sieg keine Garantie, dass man das Turnier am Ende gewinnt.

Mir wurde klar: Immer, wenn ich dachte, jetzt wird sich alles klären, war die Entscheidung entweder im Hintergrund schon gefallen und wir hatten es einfach noch nicht mitbekommen. Oder für uns gab es noch eine Chance, das entscheidende Tor zu erzielen.

All diese Drucksituationen haben etwas in mir aktiviert. Ich schaltete in den Problemlösungsmodus. Ich habe einige Schwächen, aber das kann ich gut. Für mich ist das der wahre Unternehmerbefähigungstest: Probleme lösen, die unlösbar scheinen. Denn es geht bei Gründungen oft um alles oder nichts.

Ich habe mir diese Fähigkeit nicht antrainiert. Im Gegensatz zu vielen anderen Unternehmern habe ich keine Power-Tricks wie Yoga morgens um sechs Uhr. Ich kenne kein Rezept, wie man wenig schläft und viel schafft. Im Gegenteil, ich brauche meine siebeneinhalb Stunden Schlaf. Ich kann auch keine zehn Seiten in drei Sekunden lesen oder habe mir andere Tricks angeeignet, die mich zu dem Überunternehmer machen. Aber was bei mir funktioniert, ist, in den Actionmodus zu schalten. Das spornt mich an. Anders hätte ich die vielen Krisensituationen nicht überstanden – und ich würde vermutlich wirklich im Keller meiner Eltern sitzen, überschuldet, frustriert und allein. Es war nicht die letzte dunkle Zeit, die ich erleben sollte. Aber vorerst hatte ich wieder eine Niederlage abgewendet.

Ich habe in dieser Zeit unfassbar viel geschuftet, gezweifelt und gebangt um unser Unternehmen. Aber es gab auch noch andere Themen in meinem Leben. Die Unklarheit über meine Beziehung konnte ich tagsüber ausblenden. Zu anderen Zeiten hätte ich ausschließlich darüber nachgedacht: Wird das jetzt was? Wie stelle ich mir meine Beziehung vor? Was sind meine Gefühle? Aber es funktionierte, die Gedanken in diesen kritischen Tagen erst einmal zur Seite zu drängen. Bis es wieder Zeit und Ruhe gab, um sich ernsthaft diesen Problemen zu widmen.

Im Sommer bestand ich meine Masterarbeit mit einem knappen *sehr gut*. Für meine Gründerkarriere war es mittlerweile egal, ob ich den Titel hatte oder nicht. Bei meinen Mitarbeitern oder Investoren zählte der Abschluss nicht so stark, sondern viel mehr die Erfahrung, die ich als Unternehmer gesammelt hatte.

Meinen Eltern konnte ich jedoch beweisen, dass ich mit meinem Vorhaben noch nicht völlig vom Weg abgekommen war. Ich hatte den Master bestanden und eine Finanzierung für mein Unternehmen eingeworben. Sie haben mir viel später einmal erzählt, dass sie aufgegeben haben zu verstehen, was ich vorhabe. Sie haben beschlossen, mich einfach zu unterstützen. Ihnen sei aufgefallen, dass ich immer wieder auf meinen Füßen lande und meistens, wenn auch nicht immer, erfolgreich bin – auch mit den abgefahrenen Ideen.

DER DRUCK
NIMMT ZU

Nach der Finanzierung war alles anders, zumindest für mich. Jeden Monat mussten wir den Investoren unsere Geschäftszahlen schicken. Dahinter steckte eine besondere Botschaft: Jetzt müsst ihr liefern. Monat für Monat würde sich zeigen, ob unser Business-Plan nur ein Luftschloss war oder ob wir zumindest ein ganz solides Haus darauf aufbauen könnten.

Ludger kam regelmäßig ins Büro, um uns bei unseren Meetings zu beraten. Auch wenn es sich möglicherweise danach anhört, er war kein Wachhund. Nein, er wollte wirklich helfen. Ich mochte seine direkte Art. Ging es darum, etwas umzusetzen, sah er Menschen in Meetings einfach ins Gesicht und fragte: »Warum machst du es nicht einfach?« Versuchte dann das Gegenüber, sich zu rechtfertigen, wand sich in seiner Antwort, fand tausend Gründe, warum etwas noch nicht funktionierte, setzte Ludger nach: »Mach das einfach erst einmal.« Er tat das auf eine angenehme Art, ohne die Person selbst anzugreifen.

Um einen Punkt kreisten unsere Gespräche oft. Plötzlich gab es den Druck, Geld auszugeben. Das mag erst einmal komisch klingen, nach einem Luxusproblem, wenn man kein Geld hat. Aber dahinter steckte eine ernsthafte Herausforderung für unsere Unternehmung. Wir mussten das Kapital in Marketing stecken, um zu schauen, ob es was bringt: Können wir die Leute mit Anzeigen im Internet zu unserem Produkt locken und dann davon überzeugen zu kaufen? »Da muss jetzt Wasser durchlaufen«, sagte Ludger sinngemäß zu uns, um uns zu sagen: Ihr müsst das jetzt testen.

Ich ging später zu Tim, der für das Marketing zuständig war: »Tim, bis Ende des Monats musst du das Budget ausschöpfen.«

Tim schaute mich ungläubig an: Wir hätten die Zielgruppen noch gar nicht genau genug getestet, um die Werbung auszusteu-

»Monat für Monat würde sich zeigen, ob unser Business-Plan nur ein Luft-schloss war oder ob wir zumindest ein ganz solides Haus darauf auf-bauen könnten.«

ern, sagte er. Das bedeutete: Nur wenn ich zum Beispiel weiß, welche Facebook-Nutzer potenziell Interesse an unserem Produkt haben, kann ich Facebook mitteilen, welche Menschen meine Werbung sehen sollen. Auf Google muss ich wissen, welche Begriffe solche Kunden googeln, die auch wirklich kaufen wollen, sonst verschwende ich unglaublich viel Geld damit, Werbung für Schlagworte auszugeben, die aber letztlich niemanden auf unsere Seite locken. Wir hatten erste Anzeichen, wie es funktionieren könnte. Aber waren wir sicher genug, um so viel Geld auszugeben?

Man kann sich das so vorstellen: Wenn ich in einem Arbeiterviertel im Ruhrpott Werbung für Schmuck aus dem 3D-Drucker aufhänge, kann es sein, dass 1000 Leute an dem Plakat vorbeilaufen, aber keiner stehen bleibt. Geschweige denn das Produkt kauft. Wenn ich das Plakat vor einer Kunsthalle in Berlin-Mitte aufhänge, stehen die Chancen schon besser. Im Netz ist es nicht anders. Normalerweise hätten wir ausführliche Test machen und schauen müssen, wo wir im Internet die virtuellen Plakate am besten hinhängen.

Ich sagte zu Tim: »Es ist mir scheißegal. Wenn wir nicht langsam anfangen Geld auszugeben, werden wir die Ziele nie erreichen.« Ich wollte nicht schon im ersten Monat die Vorgaben weit verfehlen und unsere Geldgeber enttäuschen.

Aber das bringe doch nichts, erwiderte Tim, wir seien noch nicht so weit.

»Was an scheißegal hast du bitte nicht verstanden?«, fragte ich.

Im Rückblick kann man sagen, es war eine sehr kostspielige Lektion. Vielleicht wäre es sinnvoller gewesen, 10000 Euro in kleinen Scheinen von der Bank zu holen und in einen großen Schredder zu werfen. Hätten wir das auf Video aufgenommen und bei YouTube hochgeladen, wären vermutlich mehr Leute auf unsere Website gekommen als durch unsere dilettantischen Werbekampagnen. Aber wenn du kein Geld ausgibst, kannst du auch nichts lernen und bist im Monat drauf auch nicht schlauer. Wir konnten es nur falsch machen.

Ich schäme mich heute immer noch ein bisschen, das aufzuschreiben: Es kostete uns am Anfang weit mehr Werbegeld, um einen Kunden zu gewinnen, als wir mit ihm an Geld einnahmen. Man stelle sich vor, man geht auf die Straße und sagt einem Passanten: »Hier hast du 500 Euro, bitte kauf diesen Ring für 60 Euro.« Diese Rechnung ist genauso falsch, wie sie sich anhört.

Irgendwas lief also gewaltig schief. Am Ende des Monats hatten wir viel Geld ins Marketing gesteckt. Und konnten auf der Haben-Seite um die 60 Kundinnen und Kunden verbuchen. Das tat weh. Aber auch wenn es wohl niemand zugeben würde: Viele Gründer haben ganz am Anfang schreckliche Zahlen. Nur redet niemand gerne darüber. Meiner Erfahrung nach gilt die Faustregel: Wenn du nicht drüber sprichst, ist die Zahl nicht gut.

Es war, als würden wir in eine Murmelbahn, die an einer Stelle kaputt war, immer weitere Murmeln einwerfen. Nachdem wir die ersten vergebens hatten rollen lassen, mussten wir uns hinsetzen und überlegen: Wie reparieren wir die Murmelbahn? Ziel unserer Marketingkampagne war es ja, Kundinnen und Kunden zu gewinnen und mit ihnen Geld zu verdienen.

Dafür mussten wir genau analysieren: An welcher Stelle verlieren wir den Kunden? Beim Online-Shopping ist es so: Läuft eine Kleinigkeit falsch, springt ein Kunde wieder ab. Wir stellten fest: Gerade bei unserem Zahlungsprozess, also wenn sich die Kunden eigentlich schon für einen Kauf entschieden hatten, überlegten es sich viele doch noch anders. Das lag auch daran, dass wir zuvor die kleine, aber sehr interessierte Kundengruppe der Design-

Liebhaber angesprochen hatten. Mit dem großen Werbebudget erreichten wir Menschen weit darüber hinaus – und die waren schwerer zu überzeugen und auch nicht bereit, so viel Geld für Schmuck auszugeben.

Wir mussten genau überlegen, wie wir auch diese Murmeln durch die Bahn bekommen könnten. Jeder Kunde oder Kundin war eine Murmel, die wir durch das Marketing gewonnen hatten. Diese musste durch die Bahn: Kam sie unten an, kaufte die Person. In der Regel testet ein Unternehmen in solchen Situationen verschiedene Werbebotschaften. Das Start-up hängt praktisch verschiedene Plakate auf und überprüft, welche Kundengruppe dann wirklich kauft und wie sich das auf den Umsatz auswirkt. Und diese Tests laufen im Internet am besten mit einer kleinen Gruppe an Kunden. Hat man verstanden, welche Slogans gut von den Kunden angenommen werden, ballert man das Geld auf diese eine Werbebotschaft. Weil uns teilweise die technischen Zwischenschritte fehlten, erschwerte uns das die Analyse. Mit einem sogenannten Cookie ließ sich im System genau erkennen: Wo hatte die Person unsere Werbung gesehen? War sie abgesprungen? Hatte sie gekauft – ohne den Schmuck zurückzuschicken? Doch das hatten wir am Anfang nicht. Wir konnten nicht verstehen, warum uns die Kunden kurz vor Kaufabschluss wieder verließen.

Am Ende hatten wir immer noch eine riesige Zielgruppe auf der einen Seite und auf der anderen Seite unsere Produkte – und bekamen sie nicht vereint. Wir verstanden nicht: Was läuft gerade genau schief? Ist das Produkt nicht gut? Oder finden die interessierten Leute unsere Plattform einfach nicht?

Zumindest an ein paar Stellschrauben konnten wir drehen und langsam fanden mehr Kunden den Weg zu uns. Statt auf Google-Werbung zu setzen, steckten wir mehr Geld in das soziale Netzwerk Instagram. Doch auf die eine große Frage hatten wir keine Antwort: Wie schaffen wir es, nur so viel für das Marketing auszugeben, dass bei einem verkauften Ring, der damals etwa 60 Euro kostete, auch ein Gewinn für die Firma bleibt? Oder wie bekommen wir so treue Fans, dass sie regelmäßig zu uns auf die Seite kommen und sich Schmuck aussuchen? Und zwar ohne dass wir einige hundert Euro in das Marketing stecken müssen?

Es gab zwei Perspektiven auf unsere Situation: Entweder standen wir kurz davor, eine kleine Stellschraube zu drehen, um den Kundenfluss zu einem Strom werden zu lassen. Oder: Wir versuchten gerade etwas zu verkaufen, was sich nicht verkaufen ließ. Uns blieb nur die Wahl, als Optimisten auf unser Unternehmen zu schauen, sonst hätten wir gleich zumachen können. Wir beschlossen also: Es musste an der Stellschraube liegen. Das, was wir durchmachten, ist eine heikle Situation für jedes Start-up. Hat man kein Geld, kann man immer sagen: »Wir konnten ja gar nicht richtig loslegen, mit ein paar Hunderttausend wäre das aber kein Problem gewesen.« Hat man aber das Geld, stellt sich erst wirklich heraus, ob eine Idee überhaupt taugt. Gerade beim Online-Shopping. Kaufen die Kunden dann trotz Marketing nicht, kann das nämlich auch heißen: Die Idee ist schlecht, das Produkt überflüssig oder der Bedarf einfach (noch) nicht da. Aber es kann eben auch einfach sein, dass man seine Idee nicht gut genug verkauft, dass man noch nicht die richtige Zielgruppe gefunden hat. Und genau das mussten wir jetzt hoffen.

Wir kannten prominente Beispiele, wie so eine Stellschraube aussehen konnte. Airbnb gehört heute zu den wertvollsten Startups der Welt. Aber ein ganzes Jahr lang lief es eher mäßig bei dem Unternehmen. Erst als es anfing, hochwertige Fotos der Wohnungen online zu stellen, kamen die Nutzer in großen Scharen. Das Unternehmen hat dadurch sein Erfolgsrezept gefunden. Jetzt mussten wir unseres finden. Und zwar bald.

Ich konnte mir gut vorstellen, wie die Geldgeber ungeduldig in ihren Büros saßen und darauf warteten, dass das Unternehmen durch die Decke gehen würde. Dafür mussten sie gar keine bösen E-Mails schreiben. Den meisten Druck machte ich mir selbst.

Dieses Gefühl von meinem Team fernzuhalten, wie ich es als guter Chef hätte machen müssen, gelang mir nicht immer. Als Design-Expertin hatte ich eine Bekannte angeheuert, die ich noch von früher kannte. Lisa war gut in dem, was sie machte. Sie holte uns in der Design-Szene bekannte Namen an Bord, die ihre Kunst auf unserer Plattform anboten. Die Leute, die sich auskannten, bewunderten uns. Nur die großen Massen wollten den Schmuck nicht kaufen.

Es gab eines, was Lisa verabscheute. Und das war kommerzielles Design – alles das, was normal ist. Alles, was massentauglich ist. Ich drängte sie, doch auch mal ein Schmuckstück zu produzieren, was den Massen gefallen könnte. Vor anderen Kollegen haute ich ihr gegenüber manchmal blöde Sprüche raus. »Na, Lisa, haben wir mal wieder 5 000 Euro für das Lager produziert?« Erst später habe ich erfahren, dass sie diese Sprüche getroffen haben.

Das war eine Lektion, die jede Führungskraft beherzigen sollte. Ich habe den Fehler gemacht, eine talentierte Mitarbeiterin mit meinen blöden Sprüchen zu entmutigen. Noch mehrmals sollte ich schmerzhaft erfahren, dass das selten gut geht. Gerade die kreativen Köpfe, die jedes Unternehmen braucht, können sich nicht einfach in eine andere Richtung bewegen und plötzlich eine andere Aufgabe machen.

Oft sind am Ende beide Seiten einfach unglücklich mit der Situation. Die Mitarbeiterin, weil sie nicht mehr das macht, was sie machen will. Und das Unternehmen, weil es eigentlich eine andere Expertin braucht. Ich sollte diese Erkenntnis bald noch einmal auf die harte Tour lernen. Lisa merkte, dass sie bei uns nicht das finden würde, was sie sich wünschte, und verließ das Unternehmen.

Führung zu lernen war hart. Das ist nichts, was man an der Uni lernt. Selbst wenn alles in der Theorie gut erklärt wird, sieht die Praxis immer anders aus. Ich hatte in der Uni sogar das Fach Unternehmensführung bei dem CEO eines Mittelständlers belegt, doch auch das brachte nichts für meinen Alltag als Gründer. Ich musste das Chefsein lernen, indem ich führte. Und in einigen Fällen mussten auch andere das Lehrgeld für mich bezahlen.

Auf diese Lektionen bin ich nicht stolz. Sie haben mich lange beschäftigt.

AM LIMIT –
UND
GLÜCKLICH

Es war verrückt, der Druck in dieser Phase machte uns nicht kaputt. Im Gegenteil. Wir hatten trotz der Zwölf-Stunden-Tage einen geilen Sommer. In den Berliner Bars und vor den kleinen Spätis lief auf den Fernsehern die Fußball-Weltmeisterschaft. Nach der Arbeit schauten wir uns oft noch ein paar Spiele an. Ich bin in dem Sommer außerdem mit meiner Freundin zusammengekommen. Mit der Kommilitonin aus Friedrichshafen, bei der ich mir nicht sicher war, ob sie etwas Ernstes will. Wollte sie dann doch. Endlich. Sie heißt Marie.

Nach unserer Finanzierungsrunde berichtete das Online-Magazin *Gründerszene* erstmals ausführlicher über uns – das war so etwas wie ein Ritterschlag. Ein anderer Unternehmer sagte mal: »Wenn die *Gründerszene* nicht berichtet, gibt es dich als Start-up im Grunde genommen nicht.« Auf diesen Artikel gab es unglaublich viel Resonanz. Die Leute aus unserem Freundeskreis und von der Uni in Friedrichshafen hatten bei unserer Unternehmung mitgefiebert, sie hatten gesehen, wie hart jeder kleine Schritt gewesen war, und sie freuten sich mit uns. Dieser Zuspruch, die ehrliche Freude trug uns wie eine Welle.

Stolz waren wir auch auf unser neues Büro. Schon vor der Finanzierung hatten wir nach neuen Räumen geschaut, denn die Kleinunternehmerin, die uns zur Untermiete reingeholt hatte, war zunehmend schlechter gelaunt. Und der Platz reichte nicht mehr, wir waren mittlerweile etwa 15 Leute im Team. Hinzu kam, dass es Mäuse gab, die wir auch noch regelmäßig sahen. Die eine hatte sogar auf unsere teuren, 3D-gedruckten Unikate geschissen. Es war an der Zeit für etwas Neues.

Michi fand in Kreuzberg, nicht weit vom Görlitzer Park, ein Büro. Ich konnte es mir nicht anschauen, weil es mit den Terminen nicht passte. Aber ich vertraute ihm. Für 2 300 Euro im Monat hatten wir 180 Quadratmeter bekommen. Damals erschien uns der Preis schon hoch. Heute würden wir wahrscheinlich fast das Doppelte für die Fläche zahlen.

Ich war vollkommen erschlagen, als ich das erste Mal in diesen großen, leeren Raum mit der hohen Decke trat. Die eigenen Räume waren für mich ein Sinnbild für das, was wir mit Stilnest geschafft hatten. Ich breitete die Arme aus, lauschte dem Echo des leeren Raumes und fühlte die Freiheit und Unabhängigkeit. Denn das war es: Ein eigenes Büro war so etwas wie die erste eigene Wohnung. Niemand außer uns selbst bestimmte, wie lange wir bleiben oder was wir in unserem Büro aufhängen.

Das Gebäude war echt schön. Es war eines der typischen Backsteingebäude, in denen viele junge Unternehmen saßen. Früher wurden in unseren neuen Räumen Klaviere hergestellt, nun konnten wir dort unseren Schmuck drucken. Alles war weiß und groß. Mit dem wenigen Geld, das wir für Möbel eingeplant hatten, kauften wir bei Ikea Kallax-Regale und Tischplatten.

Wir saßen in vier Tischreihen. Am Eingang sah jeder Besucher gleich unsere besten Schmuckstücke. Ich war dort angekommen, wo ich hinwollte. Den Start-up-Geist hatten wir schon immer gelebt, doch jetzt, abseits von stickigen Wohnungen und engen Räumen, war es plötzlich echt. Jetzt konnte es so richtig losgehen.

In diesem Sommer war ich einfach glücklich, auch wenn ich immer noch von billigem Essen und Bier lebte.

In einem Artikel für das Uni-Magazin *Zeit Campus* aus dem Jahr 2014 schrieb ich auf, wie viel Geld ich verdiente und wofür ich es ausgab. Wenn ich mir meine Antworten heute anschaue, merke ich, wie eingenommen ich von unserer Idee war. Heute denke ich: 2 200 Euro brutto hätte ich wahrscheinlich auch damit verdienen können, bei einem Lieferdienst Pizza und Sushi von einem Restaurant auszufahren.

WIE VIEL VERDIENEN SIE IM MONAT?

Seit Juli zahlen wir uns als Gesellschafter jeweils monatlich 2 200 Euro brutto aus, davor waren es 800 Euro. Nach Steuern und Abzügen bleiben mir etwa 1 500 Euro. Weil ich meinen Master an der privaten Zeppelin-Universität gemacht habe, bin ich fett im Minus: 20 000 Euro Studiengebühren muss ich nach und nach zurückzahlen.

WOFÜR GEBEN SIE IHR GELD AUS?

Warmmiete: 400 Euro
Bahnticket: 75 Euro
Handy und Internet: 60 Euro
Essen, auch auswärts: 270 Euro
Ausgehen: 50 Euro

SIND SIE ZUFRIEDEN MIT DEM EINKOMMEN?

Sehr, denn es reicht. Nach meinem dualen Bachelor bei einer Bank hätte ich dort mit 3 400 Euro einsteigen können. Ich bin froh, dass ich es nicht gemacht habe – das hätte nicht zu mir gepasst.

BEI WELCHEN DINGEN SIND SIE GEIZIG?

Wasser trinke ich aus dem Hahn, und im Unternehmen bin ich der Einzige ohne Mac und iPhone – mir genügen das Nexus und ein fünf Jahre alter Laptop.

FÜR WAS GEBEN SIE MEHR ALS NÖTIG AUS?

Fürs Essen und fürs Wohnen: Ich koche gerne und zahle lieber etwas mehr Miete, als lange zur Arbeit zu pendeln.

DER GELBE
BRIEF

Nach der Finanzierungsrunde konnten wir endlich nach mehr Mitarbeiterinnen und Mitarbeitern suchen. Dieses Mal nicht nur mit einem Praktikantenlohn von ein paar hundert Euro, sondern mit einem richtigen Gehalt. Es war verrückt, wir schalteten mehrere Jobanzeigen auf Jobportalen und die Leute bewarben sich wirklich bei uns. Und zwar aus der ganzen Welt.

Justin aus den USA, Maria aus Brasilien (Name geändert) und Artem aus Osteuropa, sie alle wollten bei Stilnest arbeiten. Wir machten uns nichts vor, ihr eigentliches Ziel war nicht unser kleines Start-up, sondern Berlin – aber egal. Wir wollten sie gerne haben.

Nach kurzer Zeit sprachen wir in der Firma nur noch Englisch, und ich musste öfter mit dem Ausländeramt über die Anträge meiner Mitarbeiterinnen und Mitarbeiter für ein Arbeitsvisum verhandeln. Es dauerte oft einige Wochen, aber die Sachbearbeiter in den Behörden waren nett zu mir – und halfen. Ich musste jedes Mal beim Arbeitsamt nachweisen, dass wir die Stelle ausgeschrieben und niemanden anderen gefunden hatten. Danach nahm alles seinen Lauf: Flug buchen, eine Wohnung suchen, Termine beim Amt planen. Die meisten waren innerhalb von einem Monat schon bei uns im Büro. Oft lästert die Berliner Start-up-Szene ja über die Behördenwelt in der Hauptstadt, doch ich kann mich dem nicht anschließen: Ich machte äußerst gute Erfahrungen. Die Ansprechpartner des Amtes meldeten sich immer schnell zurück.

In meinem Kopf gab es ein ganz anderes Problem mit unserer internationalen Belegschaft: Ich hatte Angst, dass die Mitarbeiterinnen und Mitarbeiter ihre Zelte am anderen Ende der Welt abbrachen und sich nur für uns auf den Weg nach Berlin machten. Was aber war, wenn wir denjenigen oder diejenige bald entlassen mussten? Viele lernten wir nur über Skype kennen, wir kannten die Personen noch nicht gut, hatten kein ausgeklügeltes Bewerbungssystem mit 14 Interviews (Ja, das gibt es wirklich). Was, wenn die Person doch keine gute Arbeit leistete? Wenn es hart auf hart käme, würde ihnen ohne Job auch das Visum wieder entzogen werden. Sie würden dann plötzlich ohne Arbeit, Geld und Aufenthaltserlaubnis dastehen. Mit jeder Stufe des Unternehmertums häuften wir mehr Verantwortung an. Da waren das viele Geld der Investoren, die Ansprüche unserer Kundinnen und Kunden und, mit am wichtigsten, die Zufriedenheit meiner Leute, die Stilnest voranbrachten.

Wir mussten es trotzdem wagen, denn gute Mitarbeiter zu finden war extrem schwierig. Wir konnten – trotz der Finanzierung – nicht viel zahlen. In Berlin konkurrierte Stilnest um Talente mit Firmen wie Zalando oder Delivery Hero. Leute mit ein bisschen Talent und guten Firmennamen im Lebenslauf konnten locker 80 000 Euro im Jahr verlangen. Das konnten wir uns niemals leisten. Deswegen mussten wir, wie so oft, erfinderisch sein. Als Gründer war dies eine meiner größten Fähigkeiten: jemanden zu finden, der noch keine Erfahrung hatte, dafür aber Potenzial. Im Banking spricht man auch von »undervalued assets«. Diese noch unterbewerteten Talente mussten wir finden – und das ging nur weltweit.

Es klappte zum Glück. Justin zum Beispiel baute in seiner Zeit bei uns die gesamte Technik mit auf. Artem entwarf die Grafiken. Und Maria ist bis heute bei Stilnest im Design.

Mittlerweile bestand unser Team aus 15 Mitarbeiterinnen und Mitarbeitern, mit denen wir in das neue Büro gezogen waren. Es fühlte sich jetzt nach einer richtigen Firma an, wenn ich morgens in das Büro kam. Es war aber nicht vorbei damit, gute Leute anzuwerben. Ich musste kämpfen, um sie an Bord zu halten, denn sie wollten sich natürlich weiterentwickeln. Wir mussten versuchen, die guten Leute an das Unternehmen zu binden, im Zweifel neue Aufgaben für sie schneidern. Und sie mussten eine Tätigkeit finden, die sie gerne machten.

Das war aber nicht die einzige Herausforderung. Meine Aufgabe war es auch, diejenigen zu entlassen, die nicht ins Team passten. Ich erinnere mich noch genau an die erste Mitarbeiterin, der ich kündigen musste. Milena (Name geändert) gehörte zum Vertriebsteam. Ihre Aufgabe war es, nach Partnerprojekten für unser langsam anlaufendes Geschäft zu suchen. Sie kam gerade von der Uni, war Anfang 20 und talentiert. Ihr hatten wir ein paar unserer frühen Erfolge zu verdanken. Doch sie hatte ein Problem: Sie kam immer wieder zu spät. Nicht nur fünf Minuten, sondern einmal auch mehr als eine Stunde. Auch wenn es in diesem Zeitraum Besprechungen gab, sie verpasste sie. Eine gute Erklärung dafür gab sie uns damals nicht. Wir dachten, sie verschliefe ganz einfach.

Das konnte ich ihr nicht durchgehen lassen. Ich fragte mich, warum sich andere morgens aus dem Bett quälen sollten, wenn sie einfach ohne Konsequenzen zu spät kommen konnte? Irgendwann nahm ich sie zur Seite und sagte ihr: »Das geht so nicht, ich muss dich feuern, wenn du dich nicht besserst.« Milena war einsichtig. Sie beteuerte, von nun an pünktlich zu sein. Doch schon einige Tage darauf kam sie wieder zu spät. Wollte sie mich testen? Ich gab ihr noch eine Chance, denn sie war gut, und das Zuspätkommen war ihr selbst unangenehm. Es dauerte nur etwa eine Woche, bis sie wieder zu spät kam. Ich zweifelte selbst daran, ob das wirklich Grund genug war, sie zu feuern. Sie merkte das und fragte: »Soll ich meine Sachen vom Tisch holen und gehen?« Ich verneinte und sagte: »Noch eine letzte Chance gebe ich dir. Kauf dir drei Wecker. Aber beim nächsten Mal musst du gehen, denn sonst mache ich mich vor den ganzen anderen Mitarbeitern lächerlich.« Ich hoffte, dass sie es dieses Mal hinbekommen würde. Doch einige Tage später war es wieder so weit. Als sie reinkam, sagte sie nur: »Ja, ich weiß.« Jahre später schrieb sie mir, um Feedback einzuholen. Sie wolle ein paar Sachen ordnen. Ich sagte ihr, dass ich ihre Arbeit sehr geschätzt hatte.

Später erklärte sie mir, warum sie damals öfter zu spät gekommen war: Zu der Zeit ging es Milena nicht gut. Sie lag manche Nächte bis in die frühen Morgenstunden wach, konnte nicht schlafen. Doch sie traute sich damals nicht, mit uns darüber zu sprechen. Milena wollte keine Schwäche zeigen und möglicherweise unprofessionell rüberkommen, weil sie merkte, wie sehr wir ihre Arbeit schätzten. Die Arbeit machte ihr Spaß und sie hängte sich voll rein. Manchen Abend arbeitete sie zuhause noch weiter, wie sie mir später erzählte. Aber sie sagte mir, als wir wieder sprachen: »Ich dachte immer, man hätte mir sowieso angemerkt, dass es mir nicht gut ging.« Ich hätte stärker nachfragen müssen – und Milena im Blick behalten sollen.

Die Entlassung war für sie ein Schlag in die Magengrube. »Ich war zu müde, um zu kämpfen«, sagt sie im Rückblick. »Heute würde ich viel offener kommunizieren.« Nachdem Milena mit dem Studium fertig war, gründete sie selbst ein Start-up. Die Inspiration dafür hat sie auch von Stilnest bekommen – und das freut mich unfassbar. Ich bin froh, dass ich Milenas Situation nun nachvollziehen kann, hätte mir aber gewünscht, schon damals die Hintergründe gekannt zu haben.

In einem Start-up bekommen alle Mitarbeiterinnen und Mitarbeiter sofort viel Verantwortung, können sich wirklich ausprobieren und müssen nicht wie bei einer Karriere in einem großen Unternehmen vielleicht über Jahre hinweg buckeln, um dann irgendwann endlich große Führungsverantwortung zu bekommen.

Auch bei uns bekamen sie die sofort. Aus ihrem Hamsterrad wurden sie einfach rausgeworfen. So stellte ich mir das zumindest vor.

Aber wir mussten ab und zu Leute entlassen, weil die Fähigkeiten der Person nicht zu uns passten – oder die Leute einfach nicht gut genug waren. In einem kleinen Team konnten wir das nicht ausgleichen. Einige gingen schnell wieder, weil der Job ihnen nicht gefiel oder sie anderen Abenteuern nachjagten. Und einige Male mussten wir auch Mitarbeiterinnen oder Mitarbeiter leistungsbedingt kündigen. Leicht fiel mir das nie. Ich kam immer direkt auf den Punkt. »Ich will gar nicht lange um den heißen Brei herumreden: Wir sind mit deiner Leistung nicht zufrieden und müssen uns von dir trennen«, sagte ich dann zum Beispiel. Wir waren bei solchen Dingen sehr transparent, sodass die Entscheidung für die meisten nachvollziehbar war. Die Reaktionen waren komplett unterschiedlich.

Mit Wut konnte ich gut umgehen, denn ich konnte die Frustration nachempfinden. Und ich dachte, ich sei gut darin, vorauszusehen, wer die Nachricht gut und wer sie schlecht aufnehmen würde. Aber das stimmte natürlich nicht immer. Zwei Mitarbeiter weinten, als ich die Kündigung aussprach, sie waren echt fertig. Ausgerechnet bei ihnen hatte ich überhaupt nicht damit gerechnet. In diesen Momenten hasste ich meinen Job als CEO. Aber mir war klar: Mit der Verantwortung kam auch dieser Teil der Arbeit, und ich musste ihn genauso ausfüllen. Die Kündigungen an andere Leute auszulagern ging nicht. Allein schon aus Respekt musste ich sie selbst ausführen.

Immer wieder kam es zu Momenten, die mich als CEO fertig machten. Vor einer Finanzierungsrunde waren wir gezwungen drei Teammitglieder zu entlassen. Nur so konnten wir sichergehen, dass das Geld noch etwas länger reichte. Es war schwer auszusuchen, wen es nun treffen sollte. Lange saßen wir Gründer in

»In diesen Momenten hasste ich meinen Job als CEO.«

unserem Besprechungsraum mit Glastür und grübelten, auf wen wir am ehesten verzichten könnten. Eine Frage, die man sich nie gerne stellt. Nach dem Ausschlussprinzip fiel die Wahl auf einen Kollegen im Grafikdesign und zwei Sales-Mitarbeiterinnen.

Es brach mir das Herz, als ich sie nacheinander in den Raum rief, um ihnen die Kündigung mitzuteilen. Gleich zum Start ging ich immer in die Offensive, wie ich es gelernt hatte: »Wir müssen dich leider entlassen, weil das Geld nicht mehr reicht«, sagte ich dann sinngemäß. Die betroffenen Sales-Mitarbeiterinnen brachten mir sogar Verständnis entgegen, sie gaben mir zu verstehen, dass sie die Entscheidung nachvollziehen könnten – und waren traurig. Irgendwie war ihnen klar, wie eng unsere Finanzierung gestrickt war. Auch wenn ich das nie offen ausgesprochen und den ganzen Stress mit den Investoren immer vom Team ferngehalten hatte, soweit es ging.

Doch für Artem, den Grafiker, war die Situation schwieriger. Er sagte mir, wenn er jetzt hier aufhöre, müsse er zurück in sein Heimatland – und dort ziehe ihn die Armee ein. Und wieder einmal führte mir jemand vor Augen, welche wichtige Rolle Stilnest im Leben des Teams spielte. Wir setzten uns schließlich über die Ratschläge der Investoren hinweg und beschäftigten ihn weiter als Teilzeitkraft, damit er bleiben konnte. Niemand im Team wusste davon, doch es fühlte sich nach der richtigen Entscheidung an. Für ein geschätztes Teammitglied und gegen die Geldgeber, die oft in ihren schönen Büros saßen und deren Welt mehr aus Business-Plänen und Reportings bestand als aus persönlichen Schicksalen. So war ihr Job auch nicht ausgelegt. Aber meiner schon.

Als wäre das nicht kompliziert genug: Ich hatte mit einzelnen Mitarbeitern auch handfeste Konflikte. Eine der ersten Katastrophen gab es mit Carolin (Name geändert). Sie hatte ein Praktikum bei uns im Marketing gemacht. Danach übernahmen wir sie, sie blieb im Job, bekam aber neue Aufgaben. Carolin sollte unsere Ringe an Schmuckläden verkaufen, eine neue Einnahmequelle. Die Produkte zu verkaufen lag ihr nicht schlecht, aber der Verkäuferjob war der schwerste bei uns, nur wenige hatten große Freude daran.

Nach mehreren Wochen ließen die Verkaufserfolge deutlich nach. Und so standen wir vor der Entscheidung, wie es mit ihr weitergehen sollte. Wir sprachen lange miteinander, denn sie wollte gerne bei Stilnest bleiben und wir wollten es irgendwie möglich machen. Im Gegensatz zu vielen anderen Berliner Start-ups pflegten wir keine Hire-and-Fire-Kultur: Es gibt Horrorgeschichten, dass Personaler zum Schreibtisch der Betroffenen kommen und sie dann einfach rauseskortieren. Ohne große Erklärung und ohne großen Abschied. Doch gerade in so einem kleinen Team wie unserem war der Zusammenhalt unglaublich wichtig, in einer Atmosphäre des Drucks entsteht wenig Kreativität.

Ich brauchte in der Buchhaltung und bei den vielen kleinen Aufgaben Hilfe, und so entschieden wir, dass Carolin diese neue Aufgabe ausprobieren sollte. Sie war hitzköpfig und selbstbewusst – eigentlich zwei gute Eigenschaften, um sich im Job zu behaupten. Nur zwischen uns funktionierte die Arbeitsteilung überhaupt nicht. Ich wollte mit ihr den Tag planen, zusammen würden wir zum Beispiel Präsentationen erstellen. Doch es war schnell klar, dass sie keinen Bock hatte, so eng mit mir zusammenzuarbeiten. Sie sagte zu mir, ich könne ihr doch nicht einfach sagen, was sie den Tag über machen solle. Ich sagte ihr: »Doch, genau das kann ich. Das ist Teil des Jobs.«

Das Band zwischen uns war sofort gerissen. Sie gab widerwillig nach, doch ich wusste: In Wirklichkeit hatte sie keine Lust auf den Job. Nebenbei baute sie ihren eigenen kleinen Online-Shop für Schmuck auf. Das fand ich nicht unbedingt schlimm. Was ich fürchtete, war, dass sie dies in ihrer Arbeitszeit erledigte und die Stunden sonst einfach absaß. Ihre Arbeit entlastete mich nicht, sondern es wurde für mich noch ein bisschen anstrengender.

Nach einigen Wochen war mir klar: Das geht so nicht weiter. Wir setzten uns zusammen, und sie sagte mir nach einem kurzen Gespräch ins Gesicht, sie werde jetzt gehen. Wieder war sie ziemlich wütend über die Arbeit. Ich sagte: »Wohin willst du denn gehen? Willst du kündigen?« Sie erwiderte: Nein, das wolle sie nicht. Wir konnten das Problem einfach nicht lösen. Und sie setzte noch einen drauf und verkündete, sie werde jetzt erst einmal krank machen. Am nächsten Tag erschien sie nicht mehr im Büro.

Wir überlegten lange, was zu tun sei, und entschieden, sie zu feuern. Ich fertigte einen Aufhebungsvertrag an, den sie auch nach kurzer Diskussion unterschrieb. Ehrlich gesagt war ich erleichtert, dass wir getrennte Wege gingen.

Einige Wochen später landete ein gelber Brief bei uns in der Post. Bis dahin wusste ich nicht, was so ein gelber Umschlag bedeutet. Es war Post vom Arbeitsgericht. Weil Carolin ihr Arbeitszeugnis zu schlecht fand, hatte sie sich an das Berliner Arbeitsgericht gewandt. Dass sie uns vorher nicht erst einmal selbst fragte, machte mich sprachlos. Die Richterin hatte uns nun zu einer Mediation eingeladen, dort würde sie versuchen, zwischen uns zu vermitteln.

Der Brief jagte mir einen kurzen Schrecken ein. Ich hatte in den vergangenen Monaten ja immer wieder mit Anwälten zu tun gehabt, zum Beispiel wegen der Markenrechte von Mijuu. Aber ich merkte auch, wie Ärger bei mir hochkochte, weil jemand zum Gericht gelaufen war, ohne vorher mit mir zu sprechen.

Auf meiner Liste an Dingen, die ich gerne in meinem Unternehmerleben noch erreichen wollte, stand »Vor dem Arbeitsgericht aussagen« bislang nicht. Doch es führte kein Weg dran vorbei. Und ich entwickelte eine Lust am Konflikt, wie mich früher ein Ehrgeiz überkam, wenn ich mit Raoul das nächste Projekt ins Auge gefasst hatte. Genau dieser Kampfeswille kam jetzt hoch.

Mir kam dieses Mal meine Ausbildung an der dualen Hochschule zugute. Dort hatten wir einen Richter als Dozenten, einer der wenigen guten während des Studiums. Er hatte uns zu einer seiner Verhandlungen mitgenommen, und wir analysierten danach das Verfahren. Seine wichtige Botschaft lautete: Im deutschen Gerichtssystem geht es oft um Formalien und genau über die müsse man gut informiert sein, sonst habe man vor Gericht keine Chance. Das hatte ich mir zu Herzen genommen.

Ich erschien vor dem Arbeitsgericht und setzte mich hinten in den Gerichtssaal. Ich hörte mir an, wie die anderen Fälle so liefen. Ein Logistikunternehmer hatte seinen Mitarbeiter rausgeschmissen: »Er ist einfach nicht mehr gekommen«, sagte er sehr erregt. Doch die Richterin hatte ihn auf dem Kieker. »Sie haben trotzdem die Regeln bei einer Kündigung nicht eingehalten«, sagte sie streng. Der Unternehmer hatte keine Chance und musste einlenken.

Eine halbe Stunde später saß ich vorn auf dem Stuhl des Arbeitgebers, des Angeklagten. Es war ein komisches Gefühl. Denn ich war plötzlich wieder in dieser Rolle, auf einer Ebene mit Unternehmenschefs mit 5 000 Mitarbeiterinnen und Mitarbeitern. Ich war der Buhmann, der böse Unternehmer. Genau wie die Unternehmer, die ihre Leute schamlos ausnutzten. Ich saß vor einer Richterin und musste mir die Frage gefallen lassen, ob ich eine Mitarbeiterin unfair behandelt habe. In diese Rolle musste ich mich noch reinfinden. Trotzdem war ich streitlustig, weil ich mich im Recht fühlte.

In dem Zeugnis hatte ich der Mitarbeiterin nur ein »befriedigend« gegeben. Sie wollte ein »sehr gut«. Ich sagte zu der Richterin: »Sie hat in letzter Zeit einen schlechten Job gemacht, deswegen habe ich das Zeugnis so geschrieben.« Diese schaute uns etwas lustlos an. Sie sagte: »Das müssen Sie nun aber belegen, die Beweislast liegt bei Ihnen.« Genau dazu hatte ich mich vorher informiert und konterte: »Das Bundesarbeitsgericht sieht das aber anders.« Ich bezog mich auf ein Urteil, das vor einigen Monaten gefallen war. Sie sagte: »Ja, aber viele Kollegen hier in Berlin interpretieren dieses Urteil anders und entscheiden deswegen nicht so.« Es ging hin und her.

Als Carolin an der Reihe war, hatte ich den Eindruck, dass die Atmosphäre des Gerichts sie eingeschüchtert hatte. Sie versuchte es auf persönlicher Ebene: Sie könne sich mit dem Zeugnis doch nirgendwo bewerben, sagte sie. Die Richterin gab uns zu verstehen, dass sie keine Lust auf einen richtigen Prozess habe. Wir sollten uns verdammt nochmal einigen. Nach weiteren zehn Minuten lenkte ich ein. Ich sagte Carolin zu, dass ich das Zeugnis auf ein »gut« hochsetzen würde. Das konnte ich verkraften. Wir gaben einander am Ende sogar die Hand und gingen getrennte Wege. Im Rückblick hätte ich besonnener reagieren müssen. Es war Teil eines Lernprozesses, der für mich und für meine Mitarbeiterinnen und Mitarbeiter nicht immer einfach war.

In meinem Unternehmerleben sollte ich noch einmal einen gelben Brief bekommen. In einer Phase, in der es dem Start-up finanziell schlecht ging, verklagte uns ein ehemaliger Mitarbeiter auf eine Abfindung. Beide Fälle waren für mich eine Enttäuschung, gerade weil ich beiden Mitarbeitern mehrere Chancen gegeben hatte. Ich merkte, dass ich mich öfter in Menschen täuschte. Erst in Krisensituationen weiß man, wie ein Mensch wirklich drauf ist.

Beide Fälle kratzten nicht nur an meinem Selbstbild, sondern auch an dem Bild, das ich von anderen Menschen hatte. Ich merkte, dass ich meinen Mitarbeiterinnen und Mitarbeitern vertrauen musste – auch wenn nicht alle dieses Vertrauen rechtfertigen würden. Sonst würde ich viele gute Leute nicht einstellen, die mein Unternehmen wahrscheinlich sehr weit gebracht hätten. Um es wieder mit einer Beziehung zu vergleichen: Wenn ich es nicht schaffe, einem Menschen zu vertrauen, mit dem ich gerne zusammen sein würde – dann werde ich wahrscheinlich eine tolle Beziehung verpassen. Genauso war es für mich auch im Job. Eine Enttäuschung durfte nicht den Blick trüben, einem anderen doch noch einmal eine Chance zu geben. So viel Vertrauen müssen wahrscheinlich die wenigsten Berufsgruppen anderen Menschen gegenüber aufbringen wie ein Unternehmer. Er legt ständig sein Unternehmen, seine Errungenschaften in fremde Hände. Trifft er die falsche Entscheidung und stellt zum Beispiel eine Person ein, die nicht auf den Job passt, kostet das schnell 20 000 Euro. Und die muss das Unternehmen erst wieder einspielen. Trotzdem muss man dieses Risiko immer wieder eingehen.

Ich musste immer wieder kämpfen, dieses Grundvertrauen nicht zu verlieren – trotz der gelben Briefe und anderer Katastrophen.

TRIAL AND
A LOT OF
ERROR

Wir tauchten von Monat zu Monat tiefer in die verrückte Welt der Berliner Designer und Künstler ein. Dort kam es gut an, dass wir mit dem 3D-Drucker experimentierten. So stießen wir auf den Mode-Blog Dandy Diary. Die beiden Macher Jakob und David waren der heiße Scheiß in Berlin. Wir sprachen sie an, ob sie Lust hätten, eine gemeinsame Kollektion mit uns zu machen. Sie sagten sofort zu. Uns war klar, dass sie es darauf anlegen würden, etwas Schräges – und damit Nachrichtenwürdiges – mit unserer gemeinsamen Kollektion zu gestalten, aber wir ließen uns darauf ein. So verrückt die Jungs auch waren, sie waren ernsthaft interessiert und es machte Spaß, mit ihnen zusammenzuarbeiten. Sie ließen sich schlussendlich selbst beide in 3D drucken, veränderten aber ihre Gliedmaßen und tauschten sie gegen Hufe, Hörner und Schwänze. Die Genitalien von dem einen bestanden zum Beispiel aus einem Elefantenrüssel. Die Kollaboration mit den Dandys war ein Risiko für uns, weil sie unberechenbar waren. Zugleich war es aber auch eine Chance, denn sie scheuten nicht davor zurück, mit einem jungen Start-up etwas auf die Beine zu stellen.

Zusätzlich zum Elefantenrüssel-Denkmal entwarfen die beiden auch noch mehrere Schmuckstücke, die sie über ihre Website verkaufen wollten. Und wie das in Berlin halt so läuft: Bevor irgendwas losgeht, gibt es eine Party. In der Galerie einer Kreuzberger Künstlerin starteten wir mit viel Sekt. Mit dabei war zum Beispiel Rafael Horzon. In einem Artikel beschrieb ihn ein Journalist mal als »den Elon Musk von der Torstraße«. Der Horzon Möbelladen ist eine Instanz der Berliner Start-up-Szene. Rafael erzählte mir auf der Party von seiner neuen verrückten Geschäftsidee. Weil er Berlin so hässlich fand, wollte er die Berliner Außenwände mit bunten Platten verschönern, die kompletten Fassaden würden dann rot, blau, grün, gelb sein. Rafael hatte dabei gleich sehr große Pläne: GANZ Berlin würde er mit den bunten Platten für die Fassaden zukleistern. Schließlich war es ja auch gelungen, den gesamten Bundestag für eine Kunstaktion zuzuhängen. Warum sollte das nicht mit der ganzen Stadt funktionieren? Manche sagen, Rafael sei ein Künstler, was er immer erbost zurückweist. Klar ist aber, dass er mit seinem heiligen Ernst und den schrägen Ideen eine herrliche Persiflage auf so manchen Gründer ist.

Bei diesem Gespräch kamen auch die beiden Typen von Dandy Diary dazu und tickten mich an: Aus was eigentlich diese Statuen von ihnen gemacht seien, fragten sie.

»Aus Gips«, erwiderte ich.

Was passieren würde, wenn es regnete?

Ich: »Es regnet heute ganz bestimmt nicht.«

Irgendwas hatten die Jungs vor. Einige Minuten später hörte ich jemanden im Innenhof schreien: »Alter, du hast mir auf die Hand gepisst.« Offenbar hatten sie und ihre Freunde versucht, die Statue kaputtzupinkeln. Ich traute mich erstmal nicht, die Figur anzuschauen. Als ich sie dann später entdeckte, war der Gips vollgesogen – mit Urin offenbar –, doch die Figur war ganz. Ich musste grinsen. Wir konnten das vielleicht eines Tages als verrücktes Marketing einsetzen: Unsere Figuren waren offiziell pissfest.

Ich hatte einen super Abend. Einen großen Verkaufsschlager hatten die beiden Typen – auch mit ihrer Pissaktion bei der Launchparty – nicht gelandet. Aber sie hatten erreicht, was wir wollten: Die Szene redete über Stilnest.

Wir arbeiteten in den folgenden Wochen mit bekannten Designern wie Marcel Ostertag oder Lala Berlin zusammen. Unsere gemeinsamen Kollektionen wurden auf der Fashion Week in Berlin präsentiert und bewundert. Doch der große Ansturm der Käufer blieb weiter aus.

So fühlte es sich also an, Avantgarde bei etwas zu sein. Es war ein ständiges Warten auf den Durchbruch. Um es mit der Filmwelt zu vergleichen: Wir hatten jetzt einige Arthouse-Produktionen herausgebracht, die uns in einer bestimmten Szene plötzlich sehr bekannt gemacht hatten. Nur die romantische Til-Schweiger-Komödie, vom Feuilleton verhasst, von den Leuten geliebt, so eine Schmuckkollektion fehlte uns. Hätten wir nicht das Geld gebraucht, hätte ich auch weiter mit den Arthouse-Produktionen leben können. Nur bekamen wir keine Filmförderung, stattdessen spürten wir den kalten Atem der Investoren im Nacken.

Wie lange konnten wir es uns leisten, mit der Avantgarde rumzuhängen, bis die Geldgeber uns das neue Geld verweigern würden? Wir wussten es nicht.

Um die im Business-Plan prognostizierten Umsatzzahlen nicht krachend zu verpassen, gingen wir auf Messen und Weihnachtsmärkte, um dort unseren Schmuck zu verkaufen. Jeder von uns musste im Winter mal ran, sich den Arsch abfrieren und neben dem harten Arbeitspensum noch Extraschichten einlegen. Michi, der in New York sechsstellig verdient hatte, stand also als einer von uns auf den Weihnachtsmärkten. Es war übrigens nicht so sinnlos, wie es sich vielleicht anhört. Denn wir konnten dort endlich mal mit den Kunden sprechen und verstehen, was sie eigentlich wollten, was sie gut fanden und was nicht. Das Geschäft auf den Märkten lief dabei sehr gut – wir kamen mit mehreren tausend Euro und zusätzlichen Fans nach Hause.

Uns war klar, dass dies nicht den Durchbruch bringen würde. Denn dieses Geschäft ließ sich nicht vervielfältigen. Wir konnten nicht hunderte Leute einstellen und Schmuck auf den Weihnachtsmärkten überall in der Republik verkaufen. Das skaliert nicht, wie es in der Start-up-Szene so schön heißt. Oder anders gesagt: Es würde uns nur langsam mehr Umsatz bringen – zu langsam für die Start-up-Welt, die auf exponentielles Wachstum steht.

Es blieb uns in dieser Zeit nichts anders übrig, als immer neue Sachen auszuprobieren. Ausgerechnet in dieser Zeit lief es auch zwischen uns Gründern nicht rund. Raoul und Tim machten ihren Job nicht so, wie ich mir das vorstellte. Ich sprach öfter mit ihnen und sagte: »Hey ihr beiden, ihr reißt es gerade nicht.« Raoul dachte viel zu stark in seiner Designer-Welt, er verfing sich in tausend kleinen Aufgaben, die viel zu viel Zeit fraßen. Am Ende sah ein Teil der Website super aus, doch es brachte uns nicht mehr Umsatz. Es hakte immer etwas, und wir wussten nicht, was. Raoul war zwar ein begnadeter Designer, aber für den Prozess, Kunden zu gewinnen, interessierte er sich wenig.

Tim arbeitete wie verrückt, versuchte die Zielgruppen genauer zu bestimmen oder neue Marketingwege zu finden. Dabei gab es einen Haufen Schwierigkeiten. Auf Google gab es jeden Tag zum Beispiel einige hundert Anfragen für das Suchwort »Designer Schmuck«, mehr konnten wir nicht bewerben – das war viel zu wenig. Wir hatten Probleme, die sich nicht nur mit harter Arbeit lösen ließen. Die beiden Jungs akzeptierten Rückschläge zu schnell, anstatt richtig kreative Wege zu suchen. »Geht nicht« war keine Option.

Ich merkte als Gründer, wie hart es ist, sein eigenes Handeln zu hinterfragen. Der tiefe Glaube an eine Marketingkampagne kann sich schon nach einer Woche als Schuss in den Ofen herausstellen. Ständig muss man die eigene Überzeugung von vor einer Woche über den Haufen werfen. Das ist anstrengend und widerspricht unserer eigentlichen Denkweise. Verluste werten wir zum Beispiel sehr viel stärker, als wir Gewinne wertschätzen. Etwas zu verlieren, macht uns Angst. Das ist eine sogenannte Verlustaversion. Manche Menschen bleiben ihr Leben lang in einer Beziehung, die sie nicht glücklich macht, nur um die eigene Geschichte, den eigenen Glauben nicht zu zerstören – und die andere Person nicht zu verlieren. Wir Gründer dagegen müssen immer flexibel bleiben, bis wir das Richtige endlich finden.

Der Zustand machte mich verrückt, denn ich hatte das Gefühl: Es läuft etwas schief und ich kann es nicht ändern, ich habe keinen Einfluss. Ich fühlte mich wie gelähmt. Für Schmuck und Design war ich kein Experte. Meine Stärke war es, die Geschichte zu verkaufen, Leute an Bord zu holen und die Zahlen zu verstehen. Etwas überspitzt formuliert: Also Leute bequatschen und den Kahn lenken. Und so überlegte ich, was wir anders machen könnten, um mehr Schmuck zu verkaufen. Ich schrieb Firmen und potenzielle Kunden an – 500 Unternehmensvertreter – und jagte neuen Aufträgen hinterher.

Und es gelangen uns auf diesem Weg einige Erfolge. Über drei Ecken und einen Kontakt von Tim kannten wir die erfolgreiche österreichische Designerin Marina Hoermanseder, die gerade einen Deal mit Nike verhandelte. Sie sagte zu uns: Wir würden sie ja sowieso schon wegen einer Kooperation nerven, deswegen könnten wir ihr bei einem Projekt mit Nike helfen. Es ging darum, etwas möglichst Originelles für den *Nike Women's Run* zu designen und fertigen zu lassen. Wir halfen Marina also, ein möglichst elegantes Armband in ihrem typischen Gürtelkonzept zu designen, und überzeugten schließlich den Sporthersteller.

Nun ging es daran, die Armreifen auch zu produzieren. Es wurde ernst. So eine große Menge hatten wir noch nie anfertigen lassen und der Preis, den sich Nike vorstellte, war halb so hoch wie unsere normalen Einkaufspreise. Das war einfach zu wenig. Wir konnten nicht mehr auf die Kollegen aus Pforzheim zurückgreifen, weil sie nicht die Kapazitäten hatten und auch viel zu teuer gewesen wären. Unser Konzept, auf Bestellung zu produzieren, funktionierte hier nicht. Wir mussten herausfinden, wie Massenproduktion funktioniert.

Unser Blick richtete sich auf andere Produzenten. Die Angebote trudelten ein, und wir gingen zu Nike, um den Armreif für einen bestimmten Preis zu verkaufen. Die gingen gleich einen Schritt zurück und sagten, das sei viel zu teuer. Bislang hatten wir wenig Verhandlungsspielraum, weil wir mit der Produktion die Kosten reinholen mussten. Doch wir konnten diesen Deal nicht sausen lassen. Der Name würde unsere Marke deutlich aufwerten. In vielen Mails und Telefonkonferenzen handelte ich weiter mit den Nike-Managern. Wir einigten uns schließlich. Bei mir blieb nach dem Deal ein flaues Gefühl im Magen, so gut war er nicht. Wie sollten unsere Investoren das verstehen?

Ich ging zu Michi, der für die Produktion verantwortlich war und sagte: »Wir haben jetzt nur eine Chance, wir müssen die Preise nachverhandeln.« Er schluckte und machte sich an die Arbeit. Schließlich schaffte er es – oh Wunder – den Preis kräftig zu drücken. Es fiel uns wieder einmal wie Schuppen von den Augen, wie wir als Anfänger in der Branche ausgenommen wurden. Böse Gefühle hatten wir nicht, nur große Angst, dass wir von dem neuen Produktionspartner einen Karton voll Metallschrott erhalten würden.

Die ersten Beispielstücke waren furchtbar, sie sahen billig aus und überall konnte man kleine Ecken von schlecht verarbeiteten Kanten erkennen. Als wir die Probedrucke begutachteten, dachte ich nur: »Fuck.« Zwei Wochen bangten wir um die Lieferung. Als die Schmuckstücke dann tatsächlich ankamen, konnten wir überraschenderweise aufatmen. Sie sahen gut aus, unsere Verbesserungswünsche waren angekommen.

Nike war ein toller Name, und die Kooperation mit Marina Hoermanseder hatte uns einiges an Renomée eingebracht. Die Läuferinnen vom *Nike Women's Run* fanden unsere Armreifen cool. Das war ein gutes Gefühl. Und noch einen weiteren Vorteil hatte die Aktion: Mit dem Umsatz erreichten wir den Meilenstein, der den zweiten Teil unserer Finanzierungsrunde freischaltete. Es ist normalerweise so, dass die Geldgeber bestimmte Zwischenziele einfordern, bevor sie den Rest der Summe auszahlen. So blieb es uns erspart, wieder einmal mit den Investoren zu feilschen.

Es ging weiter mit der Stallwächter-Party – ein Event, auf dem sich die Politik-Szene tummelt. Den Deal hatte ich eingefädelt. Im Nachhinein wusste keiner mehr so genau, warum wir diesen Auftrag überhaupt angenommen hatten, auch ich nicht. Denn viel Gewinn würde er nicht abwerfen, und Politikerinnen und Politiker waren wahrscheinlich eher nicht die Zielgruppe, die wir suchten. Aber möglicherweise brachte all das ein bisschen Fame. Zu der Party der Landesvertretung Baden-Württemberg sollte sogar Bundeskanzlerin Angela Merkel kommen. Wir hatten den Auftrag, einen Anstecker – mit Teilen aus dem 3D-Drucker – zu produzieren. Jeder Gast sollte sich einen Anstecker aussuchen können, je nach politischer Farbe. Zunächst lief alles nach Plan. Wir mussten uns wieder auf günstige Produzenten verlassen, denn wir hatten nicht viel Geld, um ein paar hundert Stück herzustellen.

Alles lief zur Abwechslung mal reibungslos – bis ich mir im Büro einen der Anstecker an meine Anzugsbrusttasche heftete. Unser Schmuckstück hinterließ auf dem Anzug farbige Schlieren. Es war nicht auszumalen, wie viele Designer-Anzüge und Abendkleider wir auf dem Gewissen gehabt hätten, wäre es uns nicht drei Stunden vor dem Event aufgefallen. Was tun? Wieder einmal waren wir im Krisenmanagementmodus. Ich trommelte im Büro alle zusammen, sie standen von ihren Stühlen auf, kamen rüber und umringten mich und die Kartons mit den Ansteckern.

»Wer hat Ideen?«, rief Raoul in die Runde.

»Benzin oder Terpentin?«, kam zurück. Mit Terpentin lassen sich zum Beispiel Malpinsel reinigen – für uns sollte es die Schlieren von den Ansteckern entfernen. Irgendjemand rannte los und kam eine halbe Stunde später wieder. Wir wischten den Anstecker ab und hefteten ihn an einen Pullover. Das Resultat: noch mehr Schlieren. Er lief völlig auseinander. Ich stellte mir schon vor, wie Kanzlerin Angela Merkel unseren Pin an ihren Hosenanzug steckte und rund um den Anstecker mehrere Schlieren verliefen. Das gäbe sicherlich ein tolles Foto – nur nicht für uns. Die Suche ging weiter. »Was ist mit Pfeifenreiniger?«, fragte Flo. Ich hatte so etwas natürlich noch nie verwendet. Wer raucht denn schon noch Pfeife? Doch jetzt zählte jede Idee.

Wieder ging es im Laufschritt los, dieses Mal zu einem Tabakladen, um den Reiniger zu kaufen. Vorsichtig putzen wir die Anstecker ab – und es funktionierte: Kein Farbpulver löste sich mehr. Nun mussten nur noch mehrere hundert Anstecker gesäubert werden, in einer Stunde. Dann sollte die Party losgehen. Wir bauten eine Art Säuberungsstraße in unserem Büro auf. Jeder musste mithelfen. Die einen packten aus, die anderen säuberten, die nächsten trockneten ab und im letzten Schritt wurden die Pins wieder eingepackt. Mit einer ersten Ladung setzten sich Tim und ich in ein Taxi. Die zweite Ladung schickte uns das Team mit einem weiteren Taxi nach. Wir hatten die Vollkatastrophe verhindert.

Der Abend lief gut. Angela Merkel schaute eine halbe Stunde vorbei auf der Party – ohne unseren Stecker anzuprobieren. Dafür musste der Ministerpräsident von Baden-Württemberg ran. Winfried Kretschmann kam bei seinem Rundgang auch bei unserem Stand vorbei. Ich habe noch nie einem so müden Mann die Hand geschüttelt. Hätte er nicht gestanden, wäre er wahrscheinlich auf der Stelle eingeschlafen. Ich hörte mich reden und merkte, dass nur wenige meiner Worte den Politiker erreichten. Egal. Der Abend war zwar nicht lukrativ, aber die Wertschätzung für unsere Arbeit war uns wichtig. Wir waren mittendrin. Immer wieder ermöglichte uns die Firma, spannende Leute zu treffen. Und wir merkten: Andere nahmen uns ernst.

Im Anschluss fuhr ich durch die Republik, um weitere Deals mit Unternehmen aufzutun. In Hamburg saß ich bei den Kreativen von Jung von Matt in ihren roten Backsteinhäusern. Bei Hertha BSC und Borussia Mönchengladbach traf ich die Chefs der Merchandise-Abteilungen. Wir wollten unsere großen Fähigkeiten bei ihnen ausspielen. Wir konnten unglaublich schnell neue Produkte gestalten und dann produzieren lassen. Wofür andere Monate brauchten, dauerte bei uns Tage.

Denn wir hatten Übung, die Design-Modelle schnell zu erstellen – und die Produktion ging genauso fix. Das war eine Fähigkeit, die Fußballvereine oder andere Unternehmen gut gebrauchen konnten, um schnell auf Trends zu reagieren. So hatten wir einen schicken Flaschenöffner und eine Trophäe für einen Wettbewerb innerhalb kurzer Zeit erstellen lassen. Einen Haken hatten unsere Produkte trotzdem: Sie waren teuer. Oft kosteten Merchandise-Produkte wie ein Schlüsselanhänger mit dem Vereinslogo aber nur ein paar Euro. Da konnten wir nicht mithalten.

Trotzdem schienen die Fußball-Typen interessiert. Ich freute mich, bis mir klar wurde: Zwischen Interesse und Kaufvertrag liegen einige sehr große Gefühlsstufen. Direkt an Unternehmen zu verkaufen war zwar nicht so kleinteilig wie direkt an den Kunden zu gehen, aber dafür schrumpfte unser Gewinnanteil erheblich. Wir merkten das, weil die Fußballclubs zum Beispiel nichts kaufen wollten.

Im Juli gab es dann den nächsten Hoffnungsschimmer. »Leute, wir haben eine Mail von Jette Joop«, rief einer in den Raum. Ihre

Assistentin hatte eine Mail an uns geschickt. Die echte Jette Joop wollte uns persönlich treffen.

Noch vor kurzem kannte uns in Deutschland niemand. Nun schrieb uns plötzlich Jette Joop an, eine der Top-Designerinnen. Richtige Schmuckfreaks wären wahrscheinlich ausgeflippt. Und ja, selbst wir waren überrascht und geschmeichelt. Und mussten erstmal ergoogeln, wer uns da ganz genau in wenigen Wochen treffen wollte. Als Tochter der Designerlegende Wolfgang Joop hatte sich Jette Joop mit einer eigenen Firma selbstständig gemacht und arbeitete nun mit den ganzen Top-Marken zusammen. Zum Beispiel Christ und Douglas oder dem Besteckhersteller WMF. Mit denen hatte sie eine eigene Kollektion an Besteck entwickelt. Und jetzt wollte sie etwas mit uns machen: Stilnest.

Nachdem die Nachricht in mein Gehirn vorgedrungen war, schoss mir direkt ein Gedanke in den Kopf: Wir müssen das Büro aufhübschen. In unseren Räumen herrschte immer ziemliches Chaos. Es lagen überall sogenannte Produkt-Samples herum, Testdrucke für unseren Schmuck. Wir verschickten einige der Produkte noch aus dem Büro und die Verpackungen stapelten sich in der Ecke. In der Küche türmten sich Cola-, Club-Mate- und leere Sterni-Flaschen. Unser Projekt »Aufräumen für Jette Joop« zog sich einen ganzen Nachmittag hin.

Mit einem Tross von Leuten stürmte sie zwei Tage später in unser Büro. Wir setzten uns gleich in unseren kleinen verglasten Konferenzraum, der einzige Raum, in dem man sich abseits der Bürofläche irgendwie ungestört unterhalten konnte. Statt Leitungswasser, das normalerweise auf dem Tisch stand, hatten wir extra Mineralwasser gekauft. Unser Schmuck-Start-up sollte auch etwas Luxus ausstrahlen. Der erste Eindruck geht immer über die Getränke, dachten wir uns. Mit einer 4000-Euro-Siebträger-Kaffeemaschine und einem eigenen Barista konnten wir leider nicht dienen. Ein viel zu teures San Pellegrino musste deswegen reichen, um ihr nicht das Gefühl zu geben, sie arbeite hier künftig nur mit Amateuren zusammen.

Flo, der unser Spezialist für die Druckverfahren war, erzählte ihr, was mit der Technologie alles möglich sei. Aus dem Plastikgemisch ließen sich ja sogar Stühle drucken. Ihr Ton war fordernd, sie gab uns zu verstehen, dass wir der kleinere Partner in diesem Gespann werden würden. Sie begutachtete vor allem die Schmuckstücke sehr genau.

Nach etwa einer Stunde Gespräch zog der Jette-Joop-Tross wieder aus unserem Büro ab. Es kehrte wieder Ruhe ein. Sie verließ uns mit der berühmten Formel: I'll keep in touch – ich melde mich. Diese Formel machte uns zuversichtlich.

Das ist das Teuflische an einer Gründung. In den seltensten Fällen legt ein zukünftiger Geschäftspartner seine Karten direkt offen auf den Tisch, bevor bei uns die Tür ins Schloss fällt. Am liebsten hätten wir eine Abhörwanze gehabt, um die Gespräche zu verfolgen, die in den fünf Minuten nach dem Besuch in unserem Büro stattfanden. Dort hätte ich unzählige Male hören können, was die Leute wirklich dachten – und wie hoch wir unsere Hoffnung schrauben durften.

Jette Joop war tatsächlich interessiert, und es folgten noch ein paar Mails: Wir erstellten Designs und Angebote.

Ich lernte langsam, den Zeitpunkt zu erkennen, ab dem man sich wirklich freuen durfte. Es mag banal klingen, aber es ist gar nicht so leicht: Freuen darf man sich erst, wenn die Unterschrift unter dem Dokument steht und der nervige Notar die Finanzierung abgesegnet hat. Es ist einer der Punkte, die ich vor der Gründung unter der Kategorie »deutsche Engstirnigkeit« verbucht hatte. Früher freute ich mich schon, wenn die Zeichen gut standen. Etwa, wenn mir jemand am Telefon etwas zugesagt hatte. Oder mir jemand zwischen den Zeilen erklärt hatte, dass er mein Partner werden würde. Unsere letzten Krisen hatten mich gelehrt, was im Gründerleben zählt: nur die harten Fakten. Geredet wird die ganze Zeit. Da heißt es dann: »Ich zahle bald« oder »Ich will investieren« oder »Ich will den Job«. Das gilt nur leider alles nichts.

Was ich mittlerweile auch erkannte: Eine lange Fehlerliste erhöhte nicht zwangsläufig unsere Erfolgschancen. Und trotzdem mussten wir immer wieder etwas riskieren, wenn wir weiterkommen wollten. Das Treffen mit Jette Joop fasste unsere Situation gut zusammen: In der Schmuckszene waren wir angekommen, die Leute nahmen uns wahr, wir waren ein relevanter Player. Sie akzeptierten uns, beobachteten neugierig, was wir da machten. Gleichzeitig gelang uns der Sprung in die kommerzielle Welt nicht.

Die Kooperation mit Jette Joop kam nicht zustande, dafür waren wir wohl noch nicht etabliert genug. Hatten noch keine lange Liste an bestehenden erfolgreichen Kooperationen, die wir auf die Website schreiben konnten. Oder Referenzkunden von einer gewissen Größe und Prominenz, die für uns die Hand ins Feuer legen würden. Wir mussten jemanden finden, dem es egal war, welche Namen wir irgendwo vorweisen konnten.

Den entscheidenden Kontakt bekamen wir über einen Bekannten von mir. Wie so oft war es eine Aktion unter vielen. Wir wussten nicht, dass wir gerade kurz davor waren, auf Gold zu stoßen. Ich wurde damals einer Künstlerin vorgestellt, die sich Daaruum nennt. Sie heißt mit bürgerlichem Namen Nilam Farooq und hat Tausende junge Fans, die ihr in den sozialen Netzwerken folgen. Sie veröffentlichte Schminktipps auf YouTube und Bilder aus dem Urlaub auf Instagram. Die Fans liebten sie.

Ein Unternehmer, in dessen Start-up Ludger investiert hatte, stellte mir ihren Manager vor, mit dem er befreundet war. Schnell war nach unserem ersten Gespräch klar: Sie wollten mitmachen.

Zum ersten Mal musste ich nicht Stunden Überzeugungsarbeit leisten, sie verstanden unser Produkt. Mit uns zusammen wollte Nilam einen Ring entwerfen und an ihre Fans verkaufen. Wir würden uns die Einnahmen teilen. Der Plan klang gut.

Nilam war mein erster Kontakt in eine vollkommen andere Welt. Zu der Zeit kannten den Begriff Influencer noch nicht viele, das Thema hatte noch keine breite Masse erreicht. Es wurden noch keine abfälligen Im-nächsten-Leben-werde-ich-Influencer-Witze gerissen.

Meinen Eltern musste ich schon wieder ein neues Thema erklären. Wie ein 3D-Drucker funktioniert und wie dort neue Schmuckstücke entstehen, konnten sie mittlerweile auch selbst erzählen. Doch nun kam diese neue Welt hinzu. Auch wenn man den Begriff seit fünf Jahren eigentlich nicht mehr allen erläutern muss, hilft es manchmal, sich die Herkunft zu vergegenwärtigen.

Los ging es mit einer wilden Szene aus Sängern und Künstlern, die plötzlich Videos über ihr Leben aufnahmen, eine Art digitales Tagebuch, und es über YouTube und später dann Instagram, neuerdings auf TikTok, an ihre Fans verbreiteten. Je origineller die Videos über den eigenen Hund oder das neugekaufte T-Shirt waren, umso mehr Fans konsumierten diese Videoschnipsel.

Zusätzlich beförderte der neue Trend eine neue Gruppe von Menschen in die Öffentlichkeit. Nur durch Videos und Posts aus ihrem Alltag stiegen sie von unbekannten jungen Menschen zu Stars auf. Sie zeigten, wie sie sich schminkten, wie sie eine Lasagne kochten oder eine Saftkur-Diät ausprobierten.

Das Verrückte: Einzelne Personen schafften es mit solchen banalen Alltäglichkeiten, mehrere Millionen Fans in ihren Bann zu ziehen. Für Außenstehende und ältere Zuschauer mag das nach vielen Stunden belanglosem Gelaber klingen. Was aber den Influencern niemand absprechen kann, ist, dass sie es aus dem Nichts geschafft haben, eine Zielgruppe mit ihren Videos zu erreichen, die nur noch selten eine Zeitung liest und auch nicht mehr so viel Fernsehen schaut wie die Generation davor. Stattdessen wartet sie auf ein neues Video ihres Stars auf YouTube.

Dass damals Influencerinnen wie Bibi – bekannt als BibisBeautyPalace – oder die Zwillinge Lisa und Lena in der Erwachsenenwelt nur wenigen bekannt waren, zeigte einmal mehr, wie sich die Generationen auseinandergelebt hatten. Wer über 25 Jahre alt war, kannte einfach nicht die Plätze im Internet, an denen das Leben der Jugend stattfand. In den Kommentarspalten unterhielten und stritten Millionen an jungen Fans über jede Kleinigkeit, die ihr Vorbild gerade umtrieb. Die Hochzeit und die Schwangerschaft von Bibi wurden intensiv per Video begleitet, allein das Video zur Hochzeit haben sich drei Millionen Menschen angeschaut.

Die große Besonderheit: Es gab keine Gatekeeper mehr. Kein Verlag, der die Inhalte kontrollierte und einen großen Teil des Geldes haben wollte – dafür Plattformen wie YouTube, denen die Inhalte ziemlich egal waren. Ihnen geht es darum, möglichst viele jungen Menschen auf ihre Plattform zu ziehen und ihnen dann Werbung einzuspielen. Unsere Hoffnung: Stilnest könnte ebenfalls zu einer Plattform aufsteigen, die von dem Geschäft profitiert.

Als wir gerade mit Nilam die Kooperation verhandelten, entwickelte sich eine größere Szene rund um die Influencer. Wie bei jedem Hype-Thema zog es unzählige Goldgräber an. Agenten, ganze Studios und Manager, die an diesen Millionen von Fans auch gutes Geld verdienen wollten. Es wirbelte die Werbewirtschaft durcheinander. Denn auch die Influencer, die oft so taten, als seien sie die netten und sympathischen Mädchen und Jungs von nebenan, verfügten schnell über einen knallharten Vermarktungsapparat. In den Videos priesen sie zum Beispiel ein bestimmtes

Shampoo an. Große Unternehmen, die endlich was Cooles machen wollten, steckten Geld in diesen Bereich. Es wurde in den folgenden Jahren so absurd, dass sich eine Influencerin in der Badewanne neben Bifi-Würstchen für ihre Fans ablichten ließ. Auch die Hersteller von elektrischen Zahnbürsten schauten, wer von den Influencern ihr Produkt in die Kamera halten könnte. Jeder Post kostete viele tausend Euro.

Was früher als Schleichwerbung galt, war plötzlich möglich. Erst über die Jahre bildeten sich neue Gesetze und Regeln zur Kennzeichnung von Werbung. So oder so ist es unwahrscheinlich, dass die jungen Zuschauerinnen und Zuschauer verstanden, dass das Shampoo, das Bibi zusammen mit einer Drogeriekette produziert hatte, nicht automatisch ihr Lieblingsshampoo war. Es war Teil ihres Jobs, sie verdiente damit Geld.

Auch die normalen Posts, in denen die Darsteller ein Produkt in die Kamera hielten, brachten ihnen viel Geld ein. Für einen Beitrag erhielten die Promis je nach Bekanntheit zwischen 5 000 und 50 000 Euro. Junge Menschen, die vorher noch nie einen Job als Angestellte gehabt hatten, waren plötzlich reich.

Ich war bei dem Thema persönlich hin- und hergerissen. Damals tummelten sich in der Szene auch Menschen, die sich wenig um Regeln kümmerten oder um Jugendschutz. Einige von ihnen waren Schaumschläger. Trotzdem hatte ich großen Respekt vor diesen Menschen, die es vollbracht hatten, aus ihrem Namen eine eigene Marke zu machen. Wir hatten mit Stilnest in drei Jahren gemerkt, wie hart es war, eine Marke aufzubauen. Mir war klar, was für eine Arbeit darin steckte, mehrere Millionen Fans zu gewinnen. Die Videos, die so aussahen, als wären sie amateurhaft oder spontan aufgenommen, waren mit viel Mühe produziert worden. Viele der Menschen vor der Kamera stellten eine neue Art von Unternehmerinnen oder Unternehmer dar, die mit einem kleinen

Team beachtliche Geschäfte entwickelten. Als wir damals mit Nilam in Kontakt kamen, war noch nicht abzusehen, wie tief ich einmal in diese Welt einsteigen würde.

Mit einem Kamerateam hatte Nilam unseren Produzenten in Pforzheim besucht und war zu uns ins Büro gekommen. Schon der kurze Werbefilm hatte Tausende Reaktionen hervorgerufen. Das Gefühl war verrückt. Die Leute warteten plötzlich sehnsüchtig auf unseren Schmuck, fast so gespannt wie auf das nächste iPhone oder die neuen Adidas-Sneaker. So fühlte es sich jedenfalls an.

Der Ansturm war dennoch höher als erwartet. Wir machten in den ersten Wochen hohe Umsätze mit den verschiedenen Ringen von Nilam. Wir spürten, dass wir hier auf der richtigen Spur waren. Denn erstmals konnten wir ein entscheidendes Problem lösen: die Nachfrage. Wir mussten nicht erst ein paar hundert Euro ausgeben und die Welt mit Werbung bombardieren. Ein Foto auf Instagram reichte und die Menschen rannten uns die virtuelle Bude ein. Sie interessierten sich für unser Produkt, fragten nach Größen und Farben. Nach der langen Durststrecke fühlte es sich das erste Mal wieder nach einem richtigen Erfolg an.

Etwa ein Jahr hatte ich den Eindruck nach außen wahren müssen: »Ja, läuft!« Es hatte sich oft so angefühlt, als würde ich mich selbst belügen. Aber es war Teil des Spiels. Vor anderen Gründern und Investoren musste ich erzählen, wie gut sich alles entwickelt. Mein Gegenüber konnte sich ausrechnen, dass es in Wirklichkeit natürlich irgendwelche Probleme gab. Denn er hatte ja ebensolche Probleme, aber weil das niemand zuerst zugab, blieb es bei belanglosem Small Talk.

Nach der Nilam-Aktion war alles anders. Wir wussten sofort, dass wir an etwas dran waren. Influencer war nun fast überall das Stichwort. Bei diesem neuen Werbezweig waren wir vorn mit da-

bei. Es ging nicht mehr darum, die Designer der Berliner Brunnenstraße zu überzeugen und zu einem anerkennenden Kopfnicken
zu bewegen, sondern wir hatten auf einen Schlag Hunderte Fans,
die unseren Schmuck wollten. Wir waren in der Masse angekommen.

Jetzt mussten wir nur noch viele Influencer finden und diesen
Erfolg immer und immer wieder replizieren. Meine Aufgabe war
es, dafür zu sorgen, dass wir zusammen die Planken dafür richtig
rechts und links platzierten. Der Weg war klar, und alles lag in unseren Händen.

Wie immer hielt dieser Glückszustand nicht lange an.

DER TAG, AN DEM ICH MEINEN BESTEN FREUND FEUERN MUSSTE

Nach unserem Erfolgsschlager mit Daaruum hatten wir Hoffnung geschöpft. Ich spürte, dass wir dieses Mal auf der richtigen Spur waren. Die vielen misslungenen Tests und die verzweifelte Suche nach neuen Absatzmöglichkeiten waren nötig gewesen, um an diesem Punkt anzukommen.

Trotz der hoffnungsvollen Stimmung trug ich etwas mit mir herum. Ich wusste lange nicht, was es eigentlich war. Wie in einer Liebesbeziehung merkte ich ein Störgefühl, etwas stimmte nicht. Als mir klar wurde, dass es bei meinem Störgefühl um Raoul ging, dachte ich nur: ›Scheiße, scheiße, scheiße.‹ Es war so, als wäre man eines morgens aufgewacht mit dem Gedanken: ›Du bist nicht mehr glücklich. Du musst dich trennen.‹ In meinem Fall war der Gedanke: ›Du musst Raoul feuern.‹ Dabei wollte ich auf keinen Fall, dass er geht. Meinen besten Freund wollte ich nicht verlieren.

Ich konnte den Gedanken nicht mehr ungedacht lassen. Der Geist war aus der Flasche. Vielmehr zog es mich jeden Tag stärker runter, an dem ich mich nicht damit auseinandersetzte. Ich musste die Sache schnell für mich klären.

Ich fühlte mich schlecht. Wir kannten uns seit der ersten Klasse. Seitdem heckten wir zusammen Abenteuer aus. Wir waren immer beste Freunde. Zusammen mit Raoul hatte ich die Start-up-Idee entwickelt. Seit dem ersten Tag arbeiteten wir an Stilnest, es war unser Baby. Für das Start-up war Raoul von Münster nach Friedrichshafen und dann nach Berlin gezogen, er hatte sein geliebtes Auto – das Calypsomobil – geopfert, wir hatten von Dosenessen gelebt und all unser Hab und Gut verkauft, um es in den Unternehmensaufbau zu stecken. Raoul hatte seine Beziehung auf die Probe gestellt, weil er aus Münster fortging, weg von seiner Freundin, um mit uns an Stilnest zu arbeiten.

Für mich war es ein unglaublich schönes Gefühl, mit einem guten Freund zu arbeiten. Weil ich jemanden hatte, mit dem ich abends ein Bier trinken konnte, mit dem es Spaß machte zu arbeiten. Raoul, ich und Stilnest waren gedanklich nicht auseinander zu bekommen. Warum sollte ich diese Entscheidung also bitte treffen?

Raoul ist ein Produktgenie. Noch heute bewundere ich, was er für einen Blick auf die Welt hat. Er versteht, wie Menschen Produkte verwenden. Immer wieder überrascht er mich mit seinen Ideen. Er hat ein unglaubliches Gefühl für Ästhetik. Er ist designversessen. Die von ihm gestalteten Schmuckstücke waren lange Zeit unsere Bestseller. Die Marke trug seine Handschrift, und das hochwertige Auftreten ging auf ihn zurück. Unsere erste Unternehmenspräsentation war für die damaligen Verhältnisse perfekt gestaltet. Es sah alles nie danach aus, als würden ein paar Anfang 20-jährige Studenten mal ein bisschen was ausprobieren.

Raouls penibler Gestaltungsanspruch war am Ende auch der Grund, warum wir unter Künstlern und Designern ein hohes Ansehen besaßen – das war alles sein Verdienst. Ohne seine Fantasie wäre Stilnest nur eine seelenlose Hülle gewesen.

Doch dreieinhalb Jahre nach dem Start hatte sich das Start-up schon dreimal gehäutet. Ursprünglich waren wir mal mit einer genialen technischen Lösung angetreten. Die es jedem auf der Welt ermöglichen sollte, sich seinen eigenen Schmuck zu entwerfen, der nicht massenhaft verramscht wurde, sondern speziell für jeden Einzelnen aus dem 3D-Drucker kam. Die Leute sollten zu Kreativen werden.

Diese Idee war nicht eingeschlagen. Dann starteten wir die Plattform für Designs von anderen Künstlern. Ein schönes Projekt, das uns Applaus in der Szene einbrachte, der große kommerzielle Erfolg blieb trotzdem aus.

DER TAG, AN DEM ICH MEINEN BESTEN FREUND FEUERN MUSSTE

Und nun hatten wir den Vertriebsweg über die Influencer, über Models und andere bekannte Designer gefunden. Die verkauften den Schmuck, den sie mit uns zusammen entworfen hatten, an ihre Fans. Das alles hatte nur noch wenig mit der Idee aus den Anfangstagen zu tun.

Die Technik rückte mehr in den Hintergrund, es ging nicht mehr so stark um die verrückten Designs aus dem 3D-Drucker, sondern unsere Aufgabe war es, neue Influencer zu finden und mit ihnen Schmucklinien zu entwerfen, die sie dann verkaufen konnten. Raoul begeisterte sich für das Produkt, den Aufbau der Technik. Wir aber mussten Arbeitsprozesse aufsetzen und die Zusammenarbeit mit den Influencern organisieren. Mit seiner neuen Rolle als Manager – nicht mehr so stark als kreativer Kopf – war er zunehmend unzufrieden. Das war zumindest mein Eindruck. Er konnte sein Talent nicht mehr Tag für Tag richtig ausleben und Dinge gestalten oder neu denken.

Er hatte sich in den Monaten zuvor stärker zurückgezogen, war nicht mehr der ruhelose Antreiber, der er in der Anfangsphase gewesen war. Irgendwann im Sommer mussten wir bereits ein Krisengespräch führen. Damals setzte ich mich mit ihm zusammen. Michi war zu dem Zeitpunkt schon in den Geschäftsführerkreis vorgerückt. Raoul war da noch auf dem Papier Geschäftsführer, aber uns war allen klar, dass Tim Raouls Rolle schon längst übernommen hatte. Michi und Tim führten mehrere Mitarbeiter, hatten den Blick für das Große und Ganze. Raoul machte den Job in seinem Spezialgebiet. Tim und ich sollten einen Teil der Anteile von Raoul erhalten. Dieser Schritt war gedacht, um Tim zu motivieren, noch mehr Verantwortung zu übernehmen. Ich sprach darüber mit Raoul. Er sträubte sich nicht besonders, er gab nach. Doch das Ganze war ein Fehler.

Raoul zog sich weiter zurück, er fühlte sich durch die Abgabe seiner Anteile noch weniger verantwortlich. Regelmäßig kam es zwischen Raoul und seinem Bruder Mike, der damals noch im Tech-Team arbeitete, zu Streits wegen Belanglosigkeiten. Die Stimmung war oft schlecht, ich sah Raoul seinen Missmut an. Wie lange konnte das noch gut gehen?

In dieser Zeit brauchte das Unternehmen jemanden, der die Prozesse entwickelte: die Lagerung, das Verschicken des Schmucks und den Teamzusammenhalt. Wir brauchten jemanden, der den Mitarbeitern Struktur gab und Routinen schaffte. Wir waren jetzt ein Online-Händler, und das hieß vor allem: Daten analysieren, Einkaufspreise knallhart verhandeln, gezielte Marketingkampagnen aufsetzen – ganz viel langweilige, aber wichtige Arbeit. Kurz: Es ging um Umsetzung, was in der Start-up-Branche *execution* genannt wird.

Für das kreative Genie, das Raoul zweifelsohne ist, gab es im neuen Stilnest kaum eine Nische. Er war wie ein Fisch, der zum Kletterwettbewerb antreten sollte. Das funktionierte für uns nicht, es machte Raoul auch unglücklich, das konnte ich sehen.

So eine schwierige Entscheidung hatte ich noch nie fällen müssen. Es zerriss mir das Herz. Ich wusste: Bei dieser Entscheidung bist du allein, die kann dir keiner abnehmen. Aber du musst sie vorher anderen Leuten mitteilen und kannst sie nicht erst mit Raoul selbst diskutieren. Unsere Geldgeber mussten vorher wissen, dass wir künftig ohne ihn weitermachen würden. Die Kommunikation musste dabei gut überlegt sein: Wie bei einem Pflaster war die einzige Lösung, es schnell von der Wunde abzureißen. Dann gab es einen kurzen heftigen Schmerz, und alles war vorbei. Ich nahm mir einen Vormittag, ging wieder Laufen und dachte nach. Alles sträubte sich in mir, aber ich wusste, es war die einzig richtige Entscheidung, auch wenn es weh tun würde. Ich musste meinen besten Freund feuern.

DER TAG, AN DEM ICH MEINEN BESTEN FREUND FEUERN MUSSTE

Ich ging zuerst zu meinem Mentor Ludger und schilderte ihm die Situation. Ich war darauf gefasst, dass er es als Zeichen einer Krise deuten würde. Doch er reagierte ganz anders. Erst einmal war einfach nur Stille im Raum. Dann sagte er: »Das ist eine krasse Entscheidung, aber ich respektiere sie.« Ein erster Stein fiel mir vom Herzen. Ich holte mir als nächstes die Zustimmung des anderen großen Investors. Auch er nahm die Entscheidung ohne große Überraschung entgegen.

Jetzt musste ich es Raoul sagen. Ich hatte einen Kloß im Hals, als ich zu ihm ging: »Lass uns mal bitte kurz spazieren gehen.« Wir hatten unser Büro gerade verlassen, als ich direkt zu ihm sagte: »Schau mal, Raoul, ich glaube das wird nichts mehr mit dir und Stilnest.«

Raoul war völlig überrumpelt, er sagt nur: »Äh, okay. Was heißt das jetzt? Bin ich raus?«

Ich erklärte ihm: »Du bist hier in der Firma nicht mehr glücklich, du hast keinen Drive mehr und bringst das Unternehmen nicht voran.«

Er schaute mich an und sagte: »Ja, das stimmt.«

Eineinhalb Stunden liefen wir am Kanal in Kreuzberg entlang und sprachen miteinander. Erleichtert und gleichzeitig beklommen kehrten wir ins Büro zurück und setzten uns an unsere Schreibtische, um weiterzuarbeiten.

In den Wochen danach merkte ich, wie es in ihm brodelte. Auf der einen Seite wirkte er befreit, auf der anderen Seite lieferten wir uns immer häufiger hitzige Diskussionen vor dem Team. Wir versuchten, uns ein bisschen aus dem Weg zu gehen. Ich saß abends allein im Büro und konnte nicht mehr mit ihm den Arbeitsalltag besprechen. Es war wie in einer Beziehung: Man trennt sich von seiner Partnerin, aber wohnt noch zusammen und muss sich jetzt entscheiden, wem die Möbel gehören und wer den Hund bekommt.

»Es war wie in einer Beziehung: Man trennt sich von seiner Partnerin, aber wohnt noch zusammen und muss sich jetzt entscheiden, wem die Möbel gehören und wer den Hund bekommt.«

So ungefähr fühlte es sich an manchen Tagen auch mit Raoul an. Doch noch mussten wir weiter professionell zusammenarbeiten, Lösungen finden.

Ich setzte mich irgendwann mit ihm hin, und wir überlegten gemeinsam, wie wir vorgehen sollten. Beim Gründen gibt es meist ein sogenanntes Vesting, das heißt, nach einer Finanzierungsrunde muss sich ein Gründer oder eine Gründerin die eigenen Anteile verdienen. Monat für Monat erhält man mehr Anteile. Erst nach etwa drei Jahren gehören der Person alle Anteile, die für sie bestimmt sind. Geht die Person früher aus dem Unternehmen raus oder wird gefeuert, verliert sie einen Teil. Raoul verhandelte über seine Anteile. Wir stritten darüber, aber ich konnte seine Forderungen verstehen. Es war sein Recht, jetzt für mehr zu kämpfen.

Ohne den Punkt zu klären, ging er zu den Geldgebern, um über sein Angebot zu sprechen. Aber anstatt auf mehr Verständnis zu stoßen, blieben die Investoren beinhart. Als sich Raoul nicht bewegte, machten sie ihm deutlich: Er könnte alle seine Anteile verlieren. Im Zweifel hätte man diese Frage vor einem Gericht klären müssen – sich auf einen Rechtsstreit mit einem Konzern einzulassen war aber sicherlich keine schöne Vorstellung. Wahrscheinlich hätten sie es nicht durchgezogen, aber die Drohkulisse zeigte ihre Wirkung.

Für Raoul muss es wie ein Schlag ins Gesicht gewesen sein. Statt Zustimmung zu erhalten, machten es ihm die Geldgeber noch schwerer. Er war lange ein wichtiger Teil unseres Vorhabens gewesen. Und jetzt sollte er mit einem Arschtritt vor die Tür gesetzt werden. Die Mails gingen hin und her, der Unmut bei Raoul stieg.

Wir und die anderen Mitgründer mussten uns jetzt hinter ihn stellen. Wir sagten: »Wenn ihr ihm die Anteile abnehmt, dann machen wir hier nicht mehr weiter.« Ich durfte den Joker natürlich nicht zu oft einsetzen, sonst würde er sich abnutzen. Aber für Raoul war er absolut gerechtfertigt.

Zwei Wochen lang ging es hinter den Kulissen hin und her. Dann fanden wir eine Lösung, Raoul erhielt einen Teil zusätzlich und eine kleine Abfindung. Für ihn war es ein akzeptables Ende, es hätte trotzdem besser sein können.

Rational hatte er meine Entscheidung schnell verstanden, diesen Eindruck hatte ich, er merkte, dass es richtig war. Doch mein bester Freund fühlte sich überrumpelt, wie er mir später erzählte. Es wäre ihm lieber gewesen, wenn wir die Entscheidung zusammen an einem Tisch getroffen hätten und nicht über seinen Kopf hinweg. Bei seinem eigenen Start-up – er war ja der Ideengeber gewesen – wurde er vor die Tür gesetzt. Es sträubte sich in ihm: Konnten wir es nicht noch einmal versuchen, auch wenn es gerade nicht so lief? Die Kündigung verletzte ihn, und in den folgenden Jahren kam immer mal wieder dieses ungute Gefühl hoch. Für ihn war der Abgang bei Stilnest der krasseste Einschnitt in seinem jungen Berufsleben.

Ich merkte, wie er verschiedene Phasen durchlief: Trauer, Ärger, Wut. Gerade die Trauer kam immer wieder raus, weil sich abzeichnete, dass wir mit den Influencern Erfolg haben sollten. Über die Jahre hatten wir einfach versucht, jeden Knopf zu drücken in der Hoffnung, dass sich plötzlich die Tür zum Erfolg öffnen würde. Und nun, da wir sie gefunden zu haben schienen, musste er gehen. Ich war froh, dass ich die Entscheidung vor dem großen Durchbruch getroffen hatte. Denn in guten Zeiten ist es noch schwieriger, wichtige Entscheidungen zu treffen – man kann sie eher herauszögern.

Wir verkündeten Raouls Abgang im Team, ein paar Leute waren überrascht. Der Flurfunk hatte in den Wochen davor zwar schon auf Hochtouren gearbeitet, die Stimmung war trotzdem bedrückt.

Zumindest wollten wir noch eine große Abschiedsparty feiern. Jeder in der Firma mochte Raoul.

Zum Abschied bastelten wir für ihn ein Buch mit all den Bildern aus der Anfangszeit. Später holte ich dieses Buch, von dem ich eine Kopie besaß, immer mal wieder raus, um mir die Bilder noch einmal anzuschauen. Wie wir in Salzburg an einem See standen. Anfang 20, Raoul und ich sahen noch jünger aus. Wir blickten in die Kamera, in der Hand ganz lässig eine Zigarette. Unsere Blicke hatten noch etwas Unverbrauchtes, Wildes, damals wollte wir zu unserem Traum stürmen und dachten nicht an Ärger mit Investoren, Bad-Leaver-Klauseln oder Vesting-Zusagen. Wir schauten auf die Welt und dachten: ›Alles steht uns offen, wir müssen es uns einfach nur nehmen.‹ Es war der Wahnsinn, wie weit wir einst jungen Typen gekommen waren.

Zwei Monate hatten wir kaum Kontakt. Er meldete sich nicht – und ich wollte ihm Raum geben. Ich weiß nicht, wie es mir in seiner Situation ergangen wäre. Von Freunden hörte ich, dass er oft feiern war. Die optimistische Sicht darauf war: Er genoss die neue Freiheit und dass er die ganze Last nach einigen Jahren Stilnest von seinen Schultern fallen lassen konnte. Manche Freunde sahen sein Verhalten eher mit Sorge. Sie hatten das Gefühl, dass er in ein Loch fiel. Seit dem Studium hatte Raoul immer irgendwas gearbeitet – angefangen mit seinen Design-Arbeiten mit den beiden Jungs im Hafen von Münster.

Ich dachte viel über die Freundschaft nach, wünschte mir meinen besten Freund zurück, mit dem ich so viel erlebt hatte. Doch ich wusste, ich konnte es nicht erzwingen. Er musste den ersten Schritt machen, wenn er bereit dazu war. Einige Nächte lag ich wach.

Bis er sich wieder meldete. Seine Nachricht war kurz: »Bock auf ein Feierabendbier?« Einige Tage später trafen wir uns im Felsenkeller in Schöneberg, einer etwas urigen Kneipe, die aus der Zeit gefallen zu sein schien. Auf den Barhockern saßen wir nebeneinander. Ich war erst einmal vorsichtig. Ich traf einen Menschen nach einiger Zeit wieder, der durch mein Handeln verletzt worden war und der mir viel bedeutete. Wir sprachen über die Dinge des Lebens, nur nicht über Stilnest, die Zeiten des Business-Talks waren vorbei. Erst einmal war es etwas angespannt. Wir tasteten uns heran. Was er sagte, erinnere ich nicht mehr. Doch Stück für Stück lockerte sich die Atmosphäre zwischen uns. Später ging ich angetrunken und mit einem Lächeln auf den Lippen auf die Straße. Es mag komisch klingen, weil es ja nur ein Abend in einer Kneipe war, aber ich wusste, dass ich meinen besten Freund wieder hatte.

Auf einer emotionalen Ebene war es immer noch kompliziert für ihn. Seine Eltern und Geschwister waren sauer auf mich. Raoul musste vor ihnen sogar meine Entscheidung verteidigen.

Auch wenn Raoul nicht mehr dabei war, so war er natürlich immer noch Teil von Stilnest. Er verließ uns nicht sofort, sondern zum Glück erst nach einer Übergangsphase. Er blieb Gesellschafter, kam häufig im Büro vorbei und blieb mit allen in Kontakt. Weit weg ging er auch nicht. Unser direkter Nachbar war eine Tech-Bude, die nur wenig mehr Mitarbeiter hatte als ihre drei Gründer, dafür aber die neueste Virtual-Reality-Software baute. Selbst YouTube-Mitarbeiter erkundigten sich nach diesen technischen Lösungen. Raoul heuerte dort als Chefdesigner an. Das war auch dringend nötig. Die Technik war brillant, aber die komplizierte Bedienoberfläche hatte bisher nicht viel Tageslicht gesehen. Raoul war wieder in seinem Element und verhalf einer guten Technik zu besserem Aussehen.

Trotz der Versöhnung war meine größte Angst, dass nach diesem Spaziergang unsere Freundschaft Schaden nehmen könnte.

DER TAG, AN DEM ICH MEINEN BESTEN FREUND FEUERN MUSSTE

Ich hätte es ihm nicht vorgehalten, denn schließlich verband er mit mir jetzt nicht mehr nur eine Freundschaft, sondern auch die schmerzhafte Erfahrung, sein eigenes Unternehmen zu verlieren. Dass wir heute noch so gut befreundet sind, verdanke ich ihm. Raoul ist unglaublich pragmatisch und – was ihm wenige nur zutrauen – sehr selbstreflektiert. Er brauchte seine Zeit, unsere gemeinsame Arbeit hat unsere Freundschaft auf eine harte Probe gestellt. Aber letztlich stellten wir beide fest, dass wir froh waren, die Arbeit für die Freundschaft getauscht zu haben. Wir hatten uns als Kumpel zurück. Ganz ausgestanden war der Streit allerdings noch nicht.

300 000 EURO UMSATZ UND VIER TAGE WIE AUF DROGEN

Es sollte unser großer Tag werden. Ich hatte Pizza für alle geordert und Sekt kaltgestellt. Wie gebannt starrten wir auf einen großen Bildschirm. Darauf waren die Zugriffszahlen für unsere Website zu sehen.

Die Influencerin Anna Saccone stellte heute ihren Millionen Followern auf Instagram eine Kette vor. Die Kette und der Anhänger kamen von uns. Wir waren stolz, dass wir mit dem britischen Star zusammenarbeiten konnten. In England gab es damals wohl keine Frau zwischen 16 und 35 Jahren, die Anna Saccone nicht kannte. Mehrere Millionen Menschen hatten die Kanäle von Saccone auf YouTube abonniert. Dort wurde das ganze Familienleben der Influencerin dokumentiert. Auch ihre Kinder und der Ehemann spielten eine wichtige Rolle.

Um etwa sechs Uhr am Abend ging es los, sie postete den Schmuck auf Instagram und, zack, die Zahlen auf unserer Seite stiegen schlagartig. Es war ein Monat vor Weihnachten, und viele ihrer Fans wollten den Anhänger offenbar unbedingt kaufen. Es war ein unvorstellbarer Ansturm. Wir wurden regelrecht überrannt. Zuerst merkten wir, dass die Ladezeiten der Website enorm nach oben stiegen. Jeder Fan, der etwas kaufen wollte, musste warten, bis die Seite lud. Aber anstatt den Servern mehr Zeit zu geben und einfach etwas geduldig zu sein, klickten die kaufwütigen Fans natürlich direkt auf aktualisieren. Nach einigen Minuten ging gar nichts mehr, und die Website blieb weiß, sie brach unter der Last förmlich zusammen. Das erste Mal seit dreieinhalb Jahren war der Moment gekommen, dass die Massen unsere Seite stürmten – und sie funktionierte nicht. Das erwartete Geschäft ging uns verloren.

Niemand konnte auf Stilnest.com zugreifen. Die Server waren abgeschmiert. In der Ecke fingen die drei Jungs, die für die IT zuständig waren, still und gleichzeitig etwas hektisch an zu arbeiten. Wir alle saßen weiter vor den Bildschirmen und starrten wie versteinert auf die Zahlen. Ich war unfassbar wütend. Diese große Chance verkackten wir jetzt auch schon wieder. Ich dachte mir: ›Das war's jetzt. Du kannst den Laden dichtmachen.‹ Die Pizza wurde kalt.

Ich sagte nichts laut, weil ich wusste, dass ich das Tech-Team nicht von der Arbeit abhalten durfte. Ich fühlte mich hilflos. ›Irgendwas werde ich doch machen können‹, dachte ich mir. ›Immer dahin, wo der Schmerz ist‹, hallte es bei mir im Hinterkopf. Auf Social Media braute sich gerade ein Shitstorm zusammen mit einem Ziel: Stilnest. Also fing ich an, Twitter durchzuscrollen und dort auf jede Anfrage zu reagieren. »Ihr seid gerade zu viele, Guys. Habt etwas Geduld«, schrieb ich sinngemäß. Die Fans fragten dort: ›Wie sieht das Schmuckstück denn aus? Kann ich das noch einmal in Gold sehen?‹ Ich suchte die einzelnen Fotos heraus und postete sie. Die meisten aus dem Team saßen immer noch erstarrt vor der kalten Pizza.

Nach einer Weile merkten die anderen im Team, dass dies ein Weg aus dem Chaos sein könnte, etwas, das sie tun konnten – sie fingen auch an, auf Twitter zu antworten. So viele Anfragen prasselten auf uns ein. Das Tech-Team fand den Fehler einfach nicht. Sie wussten nicht weiter, probierten alles aus.

Um halb drei in der Nacht fuhr ich mit dem Taxi nach Hause, sauer und frustriert. Ich war im Überlebensmodus, eine Aufgabe nach der nächsten musste jetzt erledigt werden. Gab es noch eine Rettung?

Um acht Uhr war ich wieder im Büro und realisierte, dass über die Nacht ein Wunder geschehen war. Die Leute waren gar nicht sauer auf uns. Im Gegenteil. Es war unter den Fans ein Hype entstanden, sie waren alle ganz wild auf unser Produkt. Unter den

Post der Influencerin schrieb jemand: »Anna Saccone broke the internet.« Viele Fans feierten die Situation ab, es folgten unzählige weitere Kommentare.

Mittlerweile war die Seite wieder online und die Bestellungen schossen in die Höhe. Manche Fans waren bis nachts um vier wachgeblieben, um zu bestellen, je nach Zeitzone orderten jetzt die Amerikaner, Asiaten, Australier. Aus dem Irak war auch eine Bestellung dabei und aus Island – es war unglaublich.

Für uns blieb wenig Zeit, um zu feiern. Wir waren im Machermodus. Unser Finanzpartner, der die Bezahlung abwickelte, hatte einen Fehler gemacht. Ein Teil der Bestellungen wurde abgelehnt – zu viele. Ich biss mir in die Faust. Wie bei einer Rinne, die überflutet wird, spritzte Wasser links und rechts drüber. Und uns ging jedes Mal ein Geschäft verloren, das wir so dringend brauchten. Wahrscheinlich war es der Zahlungsdienstleister von unserer Website nicht gewohnt, dass plötzlich so viele Menschen bestellten, und hielt das für einen Betrugsfall. Wir kontaktierten das Unternehmen und lösten das Problem. Es ging weiter und immer weiter.

Die nächste Hürde wartete schon am Ende des zweiten Tages auf uns. Die Frage: Wie stemmen wir die Produktion? Normalerweise bestellten wir den Schmuck bei mittelständischen Unternehmern in Pforzheim. Das heißt, erst wenn ein Schmuckstück bestellt wurde, gaben wir es in Auftrag. Für 5 000 Ketten hatten wir bei einem Produzenten vorbestellt, aber diese Grenze war längst gesprengt. Wie kamen wir jetzt so kurz vor Weihnachten noch an neue Produzenten?

Ich rief erst einmal bei unseren Stammlieferanten an. Einer sagte, er könne uns 2 000 Stücke mehr produzieren.

»Also 7 000 insgesamt«, versicherte ich mich, ein erster Trost.

Die Ruhe hielt nur bis zum nächsten Tag. Der gleiche Lieferant rief mich wieder an und sagte, er habe sich verschätzt, er könne doch nur 3 000 insgesamt produzieren. Wir waren stocksauer, aber uns blieb keine Zeit für Emotionen. Zusammen mit Michi, der für die Produktion zuständig war, telefonierte ich alle Produzenten durch. Es hagelte Abfuhren. Die großen Schmuckmarken hatten im Hochsommer bereits ihre Bestellungen aufgegeben. Ende November wollte sich keiner mehr an einem Auftrag eines Berliner Start-ups die Finger verbrennen.

Alle diese Mittelständler kannten sich, sie spielten miteinander abends Karten und tranken Bier zusammen. Aber sie waren natürlich auch Konkurrenten und schauten insgeheim skeptisch aufeinander. Junge Firmen wie unsere beäugten sie mit noch größerer Skepsis. Normalerweise gehörten ja die herkömmlichen Maschinenbauer zu ihren Kunden. Niemand erbarmte sich und bot an, kurzfristig für uns zu produzieren.

Verzweifelt schrieb ich eine Mail an unsere Investoren. Erst einmal hörte ich nichts. Dann meldete sich Klingel. Der CEO des Unternehmens nahm sich unseres Problems an. Denn auch unsere Geldgeber hatten begriffen, es ging jetzt um alles. Das waren wahrscheinlich die entscheidenden Tage in unserer Unternehmensgeschichte. Der CEO schrieb eine Mail an einen Produzenten, den er kannte. Wir hatten den natürlich schon mehrfach gefragt. Doch es ist halt etwas anderes, ob ein Milliardenkonzern an deine Tür klopft – oder ein unbekanntes Start-up aus Berlin. Nur wenige Stunden später kam die positive Nachricht: Er würde für uns produzieren. Eine Mail hatte gereicht, um den Produzenten zu überzeugen. Er würde es doch schaffen. Das nächste Problem war gelöst. Klingel hatte uns dieses Mal den Arsch gerettet, dafür bin ich dem Unternehmen und seinem Chef bis heute dankbar.

Mit dem Flieger war Michi kurzfristig nach Pforzheim geflogen, um vor Ort zu kämpfen und die Produzenten bei Laune zu halten.

Er war nicht nur für die Technik bei uns zuständig, sondern auch für die ganze Produktion. Bei all diesen Fragen liefen die Fäden bei ihm zusammen. Bei diesem Ansturm lastete die meiste Verantwortung auf ihm. Wir anderen versuchten, ihm zu helfen.

Als wir an einem Abend telefonierten, klang er völlig erschöpft. Ich hörte, dass seine Stimme brüchig wurde. Und das will etwas heißen. Jemanden wie Michi konnte man sehr oft ein Bein stellen, doch er fiel nicht einfach hin. Gerade seine Ruhe half uns in vielen Krisen. Dass diese Situation ihn ans Limit brachte, zeigte einmal mehr, wie ausgelaugt er war. Wir alle konnten nicht mehr. Er nahm Hunderte Schmuckstücke mit in den Flieger, um sie aus Berlin zu verschicken – die Sicherheitsleute staunten und ließen ihn dann doch passieren.

Kurze Zeit zum Durchatmen blieb, dann kam schon die nächste Schwierigkeit: Wie verschicken wir das Produkt? Wir hatten den Schmuck nie in so großen Mengen verkauft und auch nicht an internationale Kunden. Uns blieb nichts anderes übrig, als neue Leute für kurze Zeit einzustellen, die mit uns die Pakete packten und frankierten.

Seit Anfang Dezember befand sich die Firma im Ausnahmezustand. Wir stellten viele Freunde von Freunden ein, packten die Päckchen, hatten eine Produktionsstraße im Büro aufgebaut, um die Schmuckstücke einzupacken. Wir brauchten außerdem Briefmarken, die wir nur mit Bargeld kaufen konnten. (Es lässt sich schwer vorstellen, aber es war wirklich so.) Ich holte 10 000 Euro in großen Scheinen, und es blieb kurz Zeit, um ein Foto zu schießen, auf dem Raoul, der für einige Wochen noch an Bord war, wie ein Gangsterboss mit den grünen Scheinen posierte. Es lief wie eine Maschine, gut geschmiert war sie auf keinen Fall, aber die Abläufe wurden besser. Einpacken, frankieren, stapeln und zur Post – klingt einfach, dauert aber ewig.

Selbst an Heiligabend saß ich zu Hause bis nachts um ein Uhr am Computer und schrieb einigen Kunden. Ihre Pakete hingen in irgendwelchen Postzentren fest, ungefähr jede zehnte Bestellung war nicht pünktlich zu Weihnachten angekommen. Vor allem die US-Kunden waren betroffen, denn beim Postal Service schienen wir die geringste Priorität zu haben. Wieder kamen viele Nachrichten, die meisten sehr verständnisvoll, aber auch einige mit wüsten Beschimpfungen. Wir arbeiteten jede einzelne ab.

Erst mit etwas Abstand gelang es mir, die gesamte Situation zu analysieren. Wir hatten es geschafft, in wenigen Wochen Schmuck im Wert von 300 000 Euro zu verkaufen – nur über eine Kollektion. Der reine Wahnsinn. Daneben hatten wir im Weihnachtsgeschäft noch viel mehr Umsatz gemacht. Das waren Dimensionen, über die wir nie auch nur nachgedacht hätten. Die ganze Aktion brachte uns in drei Monaten einen Umsatz von 500 000 Euro. So viel Geschäft hatten wir über die ganzen Jahre hinweg gemacht.

In dem Moment merkte ich zum ersten Mal bewusst, wie weit wir als Gründer, aber auch das Team seit dem ersten Tag, den großen Spinnereien bei einer Wanderung in Bayern und in der Küche in Friedrichshafen, gekommen waren. Drei Jahre für diesen Moment.

DIE BEISS-SCHIENE

Jede Geschichte braucht ein Symbol. Ein Objekt, das verdeutlicht, was über die Jahre passiert ist. In meinem Fall ist es eine Beißschiene. Nur ein Stück Plastik, und doch sagt es viel über darüber aus, wie hoch mein Stresslevel damals war.

Ich knirsche nachts mit den Zähnen. Kurz nach dem wir das Investment bekamen, verschrieb mir meine Zahnärztin daher diese Schiene, die ich seitdem jede Nacht im Mund trage. Wer das Geräusch von zwei Kiefern, die übereinander mahlen, nicht kennt, dem sei gesagt: Es ist gespenstisch. Zu den Hauptursachen gehört Stress. Auf den Fotoaufnahmen der Zähne ließ sich begutachten, wie sich die Zähne durch die enorme Kraft abreiben. Es ist eine krasse Vorstellung, dass ich mich im Schlaf so stark selbst verletze.

Einige Wochen mit Schmerzen dauerte es, bis ich mir eingestehen konnte, dass das nicht gesund ist und ich die Ärztin untersuchen ließ, wie sich das Problem lösen ließe. Am Ende blieben zwei Möglichkeiten: die Ursachen zu bekämpfen mit weniger Stress. Wie sollte das bitte gehen? Erst recht bei einer Gründung? Diese Option kam für mich nicht infrage. Oder sich eine Beißschiene zu holen. Diese verhinderte, dass sich die Zähne abnutzen durch den ständigen Druck. Ich entschied mich dafür.

Ich musste mich erst einmal an sie gewöhnen, es dauerte, bis ich normal mit der Schiene einschlafen konnte. Irgendwann wurde sie Teil meiner Zu-Bett-geh-Routine. Bis zu dem einen Morgen.

Ich wachte auf, nahm die Beißschiene aus dem Mund. Als ich sie näher begutachtete, sah ich, dass sie an drei Stellen nahe der Backenzähne Löcher hatte. Ich wunderte mich. Hatten die Zähne das Plastik über die Nächte zerrieben? Das konnte ich mir schwer vorstellen. Diese Beißschienen sind ziemlich stabil. Wie stark müsste der Druck sein, der auf den Zähnen lastete und damit auf der Schiene, die ja gerade für den Schutz entwickelt war, damit sie zerstört würde? Aber offenbar war genau das der Grund: zu viel Druck. Meine Ärztin konnte es gar nicht fassen. Sie verschrieb mir eine neue Schiene.

In einem Buch über Angststörungen habe ich gelesen, dass die Kiefer in der Nacht einen Druck von mehr als 100 Kilo pro Quadratzentimeter entwickeln können. Die Autorin des Buches verglich den Druck mit der Fülle eines Elefantenbabys. Fast jeder Fünfte knirscht in Deutschland in der Nacht mit den Zähnen. Es sind die Begleitgeräusche eines aufreibenden Jobs oder einer stressigen Zeit. Obwohl Krankheiten zu den Small-Talk-Themen der Deutschen gehören, ist Zähneknirschen keiner der Dauerbrenner, weil es an das Fundament unserer Gesellschaft geht: zu viel Arbeit und Einsatz.

In vielen Wochen lastete so viel Druck auf mir, dass ich nicht wusste, wohin damit. Es gab mittlerweile einige Leute in meinem Leben, mit denen ich darüber sprechen konnte. Zum Beispiel meinen Mentor Ludger oder andere Unternehmer aus meinem Freundeskreis. Doch trotz all der Ratschläge, die ich bekam, die schweren Entscheidungen musste ich allein treffen. So klar sie mir schienen, und selbst wenn ich mir alles zurechtgelegt hatte: Es war hart, sie zu treffen.

Mit Gründerinnen und Gründern sprach ich selten über diese Nebenwirkungen des Jobs. Das Thema des Überarbeitens war oft der Elefant im Raum. Stress und viel Arbeit sind zu einem Statussymbol der Szene verkommen. »Und wie viel Stunden hast du diese Woche gearbeitet? 100? Wie krass.« Je mehr, desto besser, so lautete die Philosophie von vielen aus meinem Umfeld. Es zählte, in dem Büro zu sitzen, dessen Fenster am längsten erleuchtet ist.

DIE BEISSSCHIENE

In der Szene kursieren Geschichten, dass der Gründer und CEO einer der bekanntesten Digitalfirmen seine Ehe damit ruiniert hat. Ganze Abende saß er im Büro über Excel-Tabellen, das war seine Welt. Selbst enge Mitarbeiter verließen das Unternehmen, weil sie es nicht mehr aushielten. In seiner Welt gab es einfach keine anderen Themen mehr.

In manchen Start-ups sollen die Chefs ihre Mitarbeiter eingeschlossen haben, bis sie auf die Lösung eines Problems kamen. Dann gibt es noch *all nighter* – das nächtliche Durcharbeiten ist vom Investmentbanking in die Start-up-Szene geschwappt. Und es gibt Magic Roundabouts. So heißt es, wenn man sich nach Hause fahren lässt – mit einem Fahrer oder Taxi, der oder das unten an der Haustür wartet, man duscht kurz und fährt dann wieder ins Büro. Manche trieben es zu weit: Ein Gründer soll eines Tages ins Büro gekommen sein und sprach nicht mehr. Er musste ins Krankenhaus, Diagnose Burnout.

Einige der Geschichten mögen Urban Legends sein, Geschichten, die man sich so oft erzählt hat, dass sie als wahr gelten, auch wenn sie nie so passiert sind. Kaum eine Szene erfindet so viele Gerüchte, an den Tresen der Berliner Kneipen im Suff erdacht. Doch viele der Storys stimmen auch.

So ist über die Jahre ein falscher Eindruck in der Szene entstanden: Wer viel arbeitet, erreicht auch viel. Schon an unserem eigenen Beispiel konnten wir genau sehen, dass das nicht immer stimmte. Wir haben hart gearbeitet, um die Ziele zu erreichen. An vielen Stellen hätten wir einen Schritt zurücktreten und uns fragen müssen: Gibt es nicht etwas anderes, was wir ausprobieren müssten? Ist das der richtige Weg? Als Gründer oder Gründerin musst du einen Trick finden, der es beim Geschäft ermöglicht, dass, wenn 10 Prozent mehr Arbeitskraft reinfließen, auch 15, 20 oder 30 Prozent mehr Ertrag rauskommen. Mit Anna Saccone hat-

»Wer viel arbeitet, erreicht auch viel. Schon an unserem eigenen Beispiel konnten wir genau sehen, dass das nicht immer stimmte.«

ten wir diesen Punkt erreicht. Wir mussten nicht mehr auf Weihnachtsmärkte gehen und unsere Produkte mühsam einzeln verkaufen. Den Vertrieb übernahmen andere.

Lange haben wir uns kaputtgemacht, regelmäßig zwölf Stunden gearbeitet und unsere eigene Gesundheit und die Beziehungen riskiert – der Erfolg ließ trotzdem auf sich warten. Es gibt keine klare Verbindung zwischen der Zeit an Arbeit und Erfolg. In den Biografien der erfolgreichen Unternehmerinnen und Unternehmen, gibt es oft Kapitel darüber, wie viel sie arbeiten – und mit welchen Tricks sie ihre Produktivität erhöhen. Es gibt Artikel darüber, wie wenig der Super-Gründer Elon Musk schläft und wie viel er ackert, um mehrere Unternehmen gleichzeitig zu leiten. Doch am Ende ist dies nie die entscheidende Stellschraube. In den vielen Ratgebern wird sie oft ausgebreitet, weil sie eine der wenigen Dinge ist, an denen Menschen einfach drehen können. Wann es brennt und wo, kann man oft nicht kontrollieren. Wie viel man arbeitet dagegen schon. Mein Eindruck ist, dass manche Gründer das Gefühl, ausgebrannt zu sein, mit tatsächlichem Erfolg verwechseln. Nur wie lange man arbeitet und was man macht, das sind zwei unterschiedliche Dinge.

Auf der anderen Seite gibt es Gründer, die glauben, nur weil sie wenig arbeiten, seien sie schlau. Die traurige Erkenntnis ist, dass sich das Erfolgsrezept einer Gründung nicht in eine genaue Anzahl an Zutaten zerlegen lässt, nicht in eine genaue Reihenfolge an Kochschritten. Oder in die Routinen der Erfolgreichen, die beschreiben, wie sie ihren Arbeitsablauf minutiös aufzeichnen – bis hin zum Stuhlgang wahrscheinlich. Mag übertrieben klingen, aber bei manchen nimmt es wirklich solche Züge an.

Statt Selbstoptimierung ist es wichtiger zu hinterfragen, wie man als Unternehmen an den Punkt kommt, an dem das Ergebnis schneller wächst als der Einsatz. Nur durch Reflexion lässt sich dieser Punkt erreichen. Wer ihn als Start-up nicht erreicht, ist verloren. Und macht sich wahrscheinlich mit den Folgen der hohen Verantwortung, der ständigen Entscheidungen, der notwendigen Flexibilität zusätzlich kaputt.

Die Konsequenzen dieses Arbeitswahns ließen sich oft begutachten. Fast jeden Abend war in Berlin irgendwo Schaulaufen angesagt. Gründerinnen, Gründer und die Geldgeberinnen und Geldgeber tummelten sich auf Veranstaltungen. Meet-ups, Paneldiskussionen oder Speednetworking, so hießen diese Events dann. Dort gibt es massenhaft Alkohol, um den Druck zu betäuben, und Häppchen. Ich konnte jeden Abend irgendwo hingehen. Nach außen zeigte ich damit, dass ich mich um das Geschäft kümmerte. Konnte das denn schlecht sein? Eigentlich brachte es natürlich die Gefahr mit sich, zum Alkoholiker zu werden. In manchen Wochen merkte ich, wie das regelmäßige Trinken während eines Dinners mit Geschäftspartnern oder auf Sommerpartys meiner Stimmung und Gesundheit zusetzte.

Ich zog früh genug die Reißleine, stellte mir selbst Regeln auf und setzte aus. Versuchte, nicht mehr jedes Event mitzunehmen. Das jugendliche Gefühl, irgendetwas zu verpassen, legte ich zum Glück irgendwann ab.

Andere Gründer haben den Absprung dagegen nicht geschafft. Einen Bekannten traf ich häufig auf Konferenzen und Netzwerkveranstaltungen, in der Hand immer eine Cola oder ein Glas Wasser. Erst im Nachhinein fiel mir das auf. Ich mochte ihn und fragte, ob wir nicht mal ein Bier zusammen trinken wollten. Er sagte zu mir: »Ich trinke nicht.« Was er mir später erklärte: Er setzte aus, weil er trockener Alkoholiker ist. Regelmäßig unterhalte er sich mit anderen Gründern über das übermäßige Trinken, jeder kenne das.

Nach dem Gespräch fielen mir andere auf, die immer ein Wasser in der Hand hielten – nicht alle teilen das Schicksal meines Bekannten, aber einige sicherlich. Es war wohl eine andere Art der Beißschiene.

Einige der bekannten Gesichter in Berlin gehen noch weiter. Ein Bekannter sagte mal zu mir: »Überall, wo es Reibung gibt, findest du auch Drogen.« Alkohol ist in der Gründerszene weit verbreitet, doch es gibt auch Koks, Speed und Ecstasy. Bekannte Gründer sind auf den Privatpartys öfter mit einer Platte und ein paar Koks-Lines zu sehen. Die Berliner Techno-Szene hat viele aufgesogen. Auf den ausufernden Partys gehen sie, teils schon Ende 30, mehrmals die Woche feiern. Ein Zeichen dafür kann immer sein, wenn am Montag die Nase läuft. Denn Koks reizt die Nasenschleimhaut.

Gegen den Drogenkater putschen sie sich am kommenden Morgen mit anderen Drogen wieder auf. Viele der Substanzen sind viel präsenter, als man denkt.

Der Druck geht weiter, bis der Körper mit allen Mitteln an sein Limit gebracht wird. Und es gab im Alltag immer viel zu verdrängen: Etwa der Moment, in dem ich einen Mitarbeiter einstellte, der sich mit seiner ganzen Lebensplanung darauf verließ, dass es mein Start-up in einem halben Jahr noch geben würde. Das heißt, ich musste in einem halben Jahr so viel an Geschäft aufbauen, das es sich trug oder neue Investoren überzeugen würde. Beides war schwierig.

Als wir gerade Wagniskapital aufgenommen hatten und unsere Tage um 9 Uhr begannen und um 23 Uhr endeten, gehörte das Feierabendbier zu einem Ritual. »Ist doch nur ein Bierchen«, sagten wir uns. Meistens wurden es zwei, manchmal mehr. Ich hielt mich halt auch nicht immer an meine selbst gesetzten Regeln.

MAIL VON
FORBES

Das neue Jahr ging los, und wir mussten unseren Erfolg erst einmal verarbeiten. Die letzten Schmuckstücke machten wir fertig und verschickten sie. Weil wir so viele Schmuckstücke verkauft hatten, gab es auch einige Rücksendungen. Die zurückgesendeten Pakete begutachteten wir und schickten das Geld an die Kundinnen und Kunden zurück. Michi brauchte unbedingt Urlaub, ihn hatte es am härtesten getroffen, durch die unterschiedlichen Rollen hatte er praktisch durchgearbeitet. Wir fühlten uns wie nach einem unendlich langen Marsch durch die Berge. Körperlich waren wir fertig. Und doch standen wir oben am Gipfelkreuz und waren glücklich.

Es kam noch besser. Irgendein Typ schrieb mir, ich sei nominiert für einen Preis. Nicht irgendeinen Preis, sondern die 30 besten Unternehmer unter 30 Jahren des Wirtschaftsmagazins *Forbes*. Die Mail kam von einer Googlemail-Adresse und nicht von einem offiziellen *Forbes*-Angestellten. Ich dachte nur: ›Ja, ja, du bist bestimmt von *Forbes*!‹ Trotzdem antwortete ich auf seine Fragen und schickte ein Foto hin, so viel Schaden konnte das ja nicht anrichten, wenn es sich um einen Online-Betrüger handelte.

Ich hatte die Sache schon wieder vergessen, als eine Einladungs-Mail zur Preisverleihung kam. Ich war sofort skeptisch. War das jetzt die Masche, ich sollte einige hundert Euro Eintritt bezahlen – und der Gmail-Typ würde das Geld kassieren? Ich machte die Mail wieder zu und widmete mich dem Tagesgeschäft. Bis ich eines Tages auf dem Klo sitzend gedankenlos durch Facebook scrollte und die Benachrichtigung las, dass mich jemand markiert hatte. Ich konnte es nicht fassen, Forbes hatte mich in die besagte Liste gewählt. Auch wenn ich in den Jahren zuvor immer betont hatte, wie unwichtig solche Auszeichnungen doch seien, war ich unheimlich stolz. Ich musste lachen – so schnell konnten sich also Ansichten ändern. Unglaublich viele gratulierten mir dazu. Bis heute weiß ich nicht, wer mich vorgeschlagen hat. Selbstironisch schrieb ich in mein Twitterprofil: »In der falschen Forbesliste.« Um zu schauen, wer den Witz verstand.

Auch bei den Stilnest-Investoren war ausnahmsweise mal alles gut: Zum ersten Mal merkten wir, dass unsere Investoren richtig stolz auf uns waren. Ludger sagte in seiner trockenen Art: »Siehste, geht doch.« Wahrscheinlich hätte er den gleichen Satz auch nach der Geburt seiner Kinder gesagt.

Und trotzdem stand diese eine große Frage im Raum: Sind wir ein One-Hit-Wonder oder lässt sich dieser Erfolg wiederholen? Unser Arbeitsauftrag lautete nun, neue Influencerinnen zu finden, die richtig viel Umsatz brachten – und uns zu Millionären machen würden.

Ich tauchte in die neue Welt der Instagram-Stars ein. Bekannte Namen wie Stefanie Giesinger und Ann-Kathrin Brömmel standen auf unserer Liste. An die kamen wir natürlich nicht sofort ran. Trotzdem lief das Geschäft, auch wenn sich schnell zeigte, dass sich der Erfolg von Anna Saccone nicht einfach wiederholen ließ. In dieser neuen Welt der bearbeiteten Fotos und Produktplatzierungen merkten wir schnell, dass die Zahl der Fans wenig aussagte. Ein Schweizer Model mit mehreren Millionen Fans verkaufte nur einige Schmuckstücke. Eine Recherche zeigte später, dass sie sich eine Vielzahl ihrer Fans offenbar gekauft hatte. Eine andere Influencerin mit ungefähr 50 000 Followern stellte unglaublich schöne Schriftzüge her. Sie beschäftigte sich mit Kalligrafie, also der Schriftkunst, und konnte so viele Schmuckstücke verkaufen. Auch wenn sie nicht so viele Fans hatte, waren ihre treu und kauften kräftig ein.

Oft ließ sich an den Kommentaren unter den Fotoposts ablesen, ob die Fans sich wirklich um ihren Star scherten, sich über ihn unterhielten und diskutierten. Oder ob sie nur stumpf auf das Herz bei Instagram klickten, wie so viele der unsichtbaren Massen. Mit dem Like-Publikum war kein Geld zu verdienen.

Uns fiel auch endlich auf, was Kenner der Kunstszene wahrscheinlich längst wissen: Bei Kunst geht es nicht um Design und Schönheit, sondern um ein Statement. Der Geschmack ändert sich alle paar Jahre, er steht meist nicht im Vordergrund. Viel Energie floss jetzt in die Suche nach unseren zukünftigen Stars, die den Geschmack von morgen treffen würden.

Wir brauchten wieder Geld von Investoren. Ich kam mir vor wie in dem Film *Und täglich grüßt das Murmeltier*, in dem Bill Murray einen Wetteransager spielt, der immer und immer wieder denselben Tag durchleben muss. Der Betrag auf dem Konto reichte noch, um die Produzenten und die Gehälter einige Monate zu zahlen. Aber mir war klar: Ich musste wieder einmal von vorn anfangen und weiteres Geld eintreiben.

Mit einem signifikanten Unterschied: Dieses Mal konnten wir sehr viel selbstbewusster auftreten. Wir hatten es ja geschafft. Und es schien tatsächlich einfach zu werden: Plötzlich meldete sich einer der großen Stars der Schmuckbranche – die Firma wollte mit uns über ein Investment verhandeln. Wir hatten eine Vorgeschichte mit dem Traditionsunternehmen: Kurz nach der Gründung sprachen wir lange mit dem Leiter der Produktion, der sich sehr für 3D-Druckverfahren interessierte. Wir flogen zum Stammsitz und planten eine gemeinsame Kollektion. Aber statt zu einer Kooperation zu kommen, endete der Kontakt abrupt, als wir einen nicht unerheblichen Teil unseres Wissens transferiert hatten. Wir schienen so etwas wie eine Forschungsanstalt für 3D-Druck zu werden. Nur dass uns niemand für unser Wissen bezahlte.

Ähnliche Erfahrungen machten wir in dieser Zeit auch mit anderen Unternehmen. Unter dem Deckmantel der Kooperation zwischen Start-up und Großkonzern meldete sich ein Handelsunternehmen. Die Innovationsleiterin wollte mit ihrem Team vorbeikommen. Wir willigten ein, denn wir waren zuvor mit dem Chef in Kontakt und hatten mit der Online-Abteilung über eine Kooperation gesprochen. Das Team schneite also bei uns herein und fragte höflich, ob es auch Fotos schießen dürfe. Ich erlaubte es ihnen, und bevor ich mich versah, schwärmten zwei Mitarbeiter aus, um akribisch förmlich jeden Zentimeter des Büros zu fotografieren. Man hätte mit dem Resultat das Büro in 3D nachbilden können, da war ich mir sicher. Währenddessen fragte mich die Managerin zu unserem Geschäftsmodell aus. Nach dem Treffen hörten wir nie wieder etwas von ihr.

Als Gründer stand ich vor einem Dilemma. 2014 hatte ich das Gefühl, dass sich die Manager des Schmuckkonzerns sehr genau anschauten, was wir machen. Sie wollten verstehen, was im Markt passiert – und was wir mit Anfang 20 da auf die Beine stellten. In den Gesprächen ging es nie um das Geschäft, sondern vielmehr um den Schmuck selbst. Bei mir sorgte das für Paranoia. Einerseits ist es verständlich, dass sich ein Schmuckunternehmen genau anschauen will, wie die Produktion läuft. Einen funktionierenden Vertriebsweg hatten sie bereits. Andererseits gab es die berechtigte Angst, dass ein großes Unternehmen den neuen Angreifer im Markt, also uns, einfach kopiert und mit seiner Vertriebsmacht plattmacht. Diese Angst schwang bei unseren Gesprächen kurz nach Gründung immer ein bisschen mit. Wir steckten in der Zwickmühle: So eine Möglichkeit konnten wir nicht einfach abblocken, trotzdem mussten wir gerade mit unseren Daten, mit den Erfahrungen bei der Produktion sehr vorsichtig sein, um nicht plötzlich mit einem mächtigen Konkurrenten zu ringen, der sich an unserer Expertise bediente.

So gibt es etwa die Geschichte vom Amazon-Chef Jeff Bezos, der lange mit einem Online-Händler für Windeln über einen Kauf verhandelte: An einem Morgen, als sie sich in Seattle trafen und sprechen wollten, startete Amazon parallel den Windel-Service Amazon Mom, heißt es in einem Buch des Journalisten Brad Stone. Amazon soll gedroht haben, es senke die Preise im Zweifel auf null, um die Konkurrenz fertigzumachen. Die Firma machte so lange Druck, bis die Gründer einwilligten und an Amazon verkauften.

Natürlich ist das ein Extrembeispiel. Aber als CEO fiel es mir schwer, eine Balance zwischen einer gesunden Portion Angst und genügend Offenheit zu finden. Viele Start-up-Gründer wachen auf und glauben, dass der Konkurrent ihnen Gift in den Kaffee gekippt hat. Die häufigste Lüge unter Gründerinnen und Gründern lautet eigentlich immer: »Wir schauen nicht auf die Konkurrenz. Wir konzentrieren uns nur auf unser Geschäft.« Währenddessen surfen Horden von Mitarbeitern bei manchen Konkurrenten auf der Website und machen Testbestellungen, um herauszufinden, wie das Geschäft beim anderen gerade läuft.

Einzelne Buttons, auf die man klicken kann, werden genau begutachtet und kopiert. In manchen umkämpften Branchen stellen sich die Recruiter sogar vor die Bürotür, um gute Vertriebsleute abzuwerben. Wenn die Berliner Start-ups etwas können, dann sich um sich selbst zu drehen. Und genau da mussten wir aufpassen. Nicht jeder wollte uns natürlich etwas Böses. Wir waren – das musste ich zugeben – auch weit von einem Milliarden-Umsatz entfernt. Und ein Kopf-an-Kopf-Rennen mit einem anderen Schmuck-Start-up oder mit dem Konzern war noch in ganz weiter Ferne. Wir wollten ja erst einmal das Jahr richtig gut zu Ende bringen – unserer erstes Erfolgsjahr.

Dass der Kontakt schon beim ersten Mal einfach abgebrochen wurde, nährte allerdings meine Angst, dass das Schmuckunternehmen kein ernsthaftes Interesse hatte, in Stilnest zu investieren. Es wäre sowieso strittig gewesen, ob man so ein Unternehmen in seinen Geldgeberkreis holt. Denn die Vertriebspower und die Marke können das Geschäft beflügeln, aber sobald es zum Beispiel darum geht, ob wir Stilnest an einen Konkurrenten des Unternehmens verkaufen, könnte der Schmuckhändler als Gesellschafter normalerweise den Verkauf blockieren, aus einem strategischen Interesse.

Mit diesen gemischten Gefühlen telefonierte ich mehr als zwei Jahre nach dem ersten Kontakt mit den Investmentmanagern des Unternehmens. Wieder waren sie freundlich, wir sprachen etwa eine Stunde. Ich schickte ihnen auch noch eine längere Unternehmenspräsentation. Doch dieses Mal war ich vorsichtig, alle sensiblen Zahlen ließ ich weg. Dafür mussten sie erst einmal zeigen, dass sie es ernst meinen.

Meine Vorsicht sollte begründet sein. Nach der Mail meldete sich der Investmentmanager plötzlich nicht mehr. Ein halbes Jahr später schrieb noch einmal ein Analyst des Schmuckkonzerns, ob wir nicht Interesse hätten zu reden. Er hatte offenbar keine Ahnung, dass wir schon zweimal über ein Investment gesprochen hatten. Ich leitete ihm ohne großen Kommentar meine letzte Mail weiter – und hörte wieder nichts.

Erfolgversprechender sollte ein Pitch in München sein: Vor einer Gruppe von Business Angels stellten wir Stilnest in einem Hotel vor. In dem Netzwerk Brains to Venture haben sich viele Business Angel zusammengeschlossen, die zusammen investieren. Es ist eines der bekanntesten Netzwerke. Dieses Mal gab es keine peinlichen Rechenfehler wie in Stuttgart, dafür viel Resonanz. Nach der Vorstellung scharte sich eine Runde von Geldgebern um uns: Auch ihnen schwirrte die Frage durch den Kopf, ob es möglich sei, unseren Erfolg zu wiederholen. Als wir zurück nach Berlin fuhren, hatten wir dieses Mal ein gutes Gefühl im Bauch.

Die Investoren meldeten sich schon bald und bestätigten: Mehrere Investoren wollten uns. Das war aber einfach gewesen! Wir schickten unsere Finanzunterlagen und andere Materialien voller Zuversicht Richtung München.

Es gab nur ein Problem. Die Investorengruppe brauchte eine Person, die sich bei dem Investment den Hut aufsetzen würde. Die die Führung übernimmt und uns als Unternehmen prüft. Die anderen würden sich dann mit einem bestimmten Geldbetrag anschließen. Sie hätten bislang ein Problem, diese Person zu finden, sagten sie uns. Ich fand das komisch. Das konnte doch nicht so schwer sein.

Alles zog sich schon wieder hin. Es war bereits Ende Februar, als dann doch mal drei Typen, gestandene Geschäftsleute, bei uns vorbeischauten. Wie bei einer Kaffeefahrt fühlte sich das an. Sie schauten mal alles an, prüften – sie suchten in diesem Fall nicht nach einem Pfannenset, sondern shoppten nach dem richtigen Unternehmen. Keiner von ihnen ließ sich irgendwie anmerken, ob er uns bald mit Millionen zuschütten würde – oder uns total scheiße fand. Ich nannte solche Begegnungen immer Teflon-Treffen, weil ich die Menschen nicht einschätzen konnte, alle Eindrücke perlten ab. Jede Kommunikation war freundlich, knapp und so, dass ich nichts daraus schließen konnte. Wieder hieß es warten, warten, warten. Daran hatte ich mich jetzt mittlerweile schon gewöhnt. Sowas konnte mir nicht mehr den Schlaf rauben.

Wir hatten schon die ersten Verhandlungen abgeschlossen, als im März dann die Mail kam, dass keiner die Finanzierung anführen wolle. Wieder kippte alles hinten über. Doch dieses Mal hatten wir etwas in der Hinterhand. Ein Finanzinvestor hatte bereits vor einiger Zeit Interesse bekundet. Es war ein Family Office, das heißt, irgendein wohlhabender Typ ließ dort sein Vermögen verwalten. Niemand von uns wusste, wer dahintersteckte. Es lief erst einmal alles problemlos. Wir wussten, diese Investoren konnten uns – abgesehen vom Geld – nicht helfen. Aber nachdem die bekannte Investorengruppe abgesagt hatte, blieben sie als Plan B. Wir riefen wieder an.

Uns war bewusst, dass das Geld für die Gehälter nicht mehr lange reichen würde. Auch mussten wir die Produzenten regelmäßig bezahlen, eine Gefahr der Überschuldung bestand die ganze Zeit. Das bedeutet: Sobald man seine Gehälter und Rechnungen nicht bezahlen kann, muss man innerhalb einer gewissen Zeit als Geschäftsführer Insolvenz anmelden. Sonst gilt die Insolvenz als verschleppt. Und das steht unter Strafe. Ich wusste das. Es war abgesehen davon eine Binsenweisheit für Start-up-Unternehmen, die praktisch ständig kurz vor der Insolvenz stehen.

Doch dieses Mal ließ ich mich bei den Verhandlungen nicht davon beeindrucken. Ständig am Abgrund zu stehen, macht furchtlos. Es war, als würde ich einfach nur sagen: »Hallo Abgrund«, ihm zuwinken und weitermachen. Das Ende hatte seinen Schrecken verloren. Was sollte mir denn schon passieren?

Uns war mittlerweile bewusst, dass wir bestimmte Klauseln in den Verträgen nicht hinnehmen konnten. Denn wenn ich jemandem etwas verspreche – eine Umsatzzahl oder andere Dinge –, dann muss ich es irgendwann auch einlösen. Und dass die Zukunft schneller da ist als erhofft, mussten wir in der Vergangenheit schon mehrfach feststellen. Wir konnten unsere Probleme nicht einfach in die Zukunft schieben und denken, dass sich dann schon alles klären würde. Deswegen achteten wir bei den Verträgen noch stärker auf die Details. Nichts sollte uns dieses Mal killen. Wir bereiteten uns auf verschiedene Geschäftsentwicklungen vor – und was dann passieren würde.

MAIL VON FORBES

Es war ein gutes Gefühl, den Vertrag zu unterzeichnen, es verschaffte uns wieder ein bisschen mehr Luft. Das Wachstum konnte jetzt so richtig losgehen. Doch wir hatten uns getäuscht – wieder einmal.

DIE VIELEN DINGE, BEI DENEN WIR DANEBEN-GELEGEN HABEN

Ein Gründer oder eine Gründerin versucht fast immer, in die Zukunft zu schauen. Ein neues Geschäft aufzubauen, ein neues Produkt zu etablieren, basiert fast immer auf Annahmen, wie sich die Leute künftig verhalten – oder sogar wie sie künftig leben. Plastische Beispiele sind etwa die elektrischen Tretroller, die mittlerweile überall auf den deutschen Straßen stehen. Die These der Anbieter lautet, dass Menschen künftig nicht mehr so oft mit dem Auto und der Bahn fahren, sondern für kurze Strecken den Tretroller nehmen. Oder Airbnb setzte darauf, dass Menschen bereit sind, eine Wohnung oder ein Zimmer an Fremde über das Internet zu vermieten. Viele schlaue Menschen sagten vorher: Sowas wird doch keiner machen. Machten sie dann aber doch.

Ein wichtiger Punkt lautete: Ein neues Geschäft muss genau auf den Zeitpunkt treffen, an dem die Menschen beginnen, ihr Verhalten zu verändern. Etwa nicht mehr Fernsehen schauen, sondern plötzlich Serien bei Netflix streamen. Bislang sehen viele Leute immer noch regelmäßig fern, doch die Nutzerzahlen von Diensten wie Netflix und Amazon Prime sind in den vergangenen Jahren gestiegen.

Auch wir mussten in die Zukunft blicken. Unsere Vision von individuellem Schmuck basierte gerade am Anfang auf einigen zentralen Annahmen. Im Rückblick stellten sie sich als falsch heraus. Und das verursachte eine Vielzahl an Problemen.

THESE: DAS SCHMUCKGESCHÄFT WANDERT INS INTERNET

Vor mehr als zehn Jahren begann der große Aufstieg des Online-Handels. In Berlin wurde Zalando gegründet, Amazon kam nach Deutschland und mischte den Markt kräftig auf. Sparte für Sparte bildeten sich neue Start-ups, die sich darauf spezialisierten, die Produkte nicht mehr im Laden, sondern online anzubieten. Tirendo für Reifen, DocMorris für Apotheken, Nu3 für Nahrungsergänzungsmittel, Home24 für Möbel. In vielen Branchen schaffte es entweder ein Spezialplayer, sich zu etablieren. Oder Amazon stürzte sich auf das Geschäft. Bei Computern und Elektronik liegt der Marktanteil von Amazon zum Beispiel mittlerweile in Deutschland bei etwa 25 Prozent.

Unsere Annahme war, dass die Leute auch bald ihren Schmuck in Massen online bestellen würden. Das ist bisher nicht eingetreten. Aus meiner Sicht hat das verschiedene Gründe: Internetportale funktionieren oft über einen Preisvergleich. Das Argument lautet dann: Online bekomme ich es günstiger, ich kann ja sehen, wer mir den besten Preis anbietet. Bei Schmuck ist das nicht so. Denn mit dem Preis hängt auch ein Wert zusammen, den man dem Schmuckstück zuordnet. Wenn man für den zukünftigen Mann oder die Mutter Schmuck kauft, will man etwas ganz Besonderes kaufen. Und dies drückt sich oft auch im Preis aus. Der ist nicht egal, aber wenn es wirklich etwas Hochwertiges sein soll, dann gibt man dafür auch etwas mehr aus. Die großen Schmuckhersteller wollen aus diesem Grund auch nicht, dass es ihre Produkte mit Streichpreis (alter Preis durchgestrichen) oder anderen Angeboten gibt. Auf Amazon sind viele Luxusmarken nicht zu finden. Zusätzlich wollen sich die Menschen den Schmuck gerne selbst anschauen und Probe tragen. All das führt dazu, dass immer noch sehr wenige Menschen ihren Schmuck online kaufen.

Der Anteil der Google-Suchanfragen für Schmuck ist immer noch gering. Und das machte uns gerade bei der Produkteinführung große Probleme. Denn was wir machten, war für jemanden, der nach Schmuck sucht, vielleicht nicht uninteressant. Nur gingen die wenigsten halt ins Netz, um ein Schmuckstück zu finden. Langfristig würde für uns kein Weg daran vorbeiführen: Wir mussten über Werbefiguren oder Plakate versuchen, eine Marke aufzubauen. Influencer auf Instagram gab es zu der Anfangszeit 2013 noch nicht viele.

THESE: DIE KONSUMENTEN WOLLEN SICH PRODUKTE SELBER GESTALTEN

Trendforscher sagten jahrelang voraus, dass sich Menschen künftig alles selbst zusammenstellen. Die Forscher malten ein Bild von einem Konsumenten, der sich einen Schuh entwirft und dafür auch bereit ist, mehr zu zahlen. Unzählige Marken versuchten ihren Kunden zu ermöglichen, sich irgendwas Eigenes zu entwerfen.

Auch diese Annahme stellte sich als falsch heraus. Nicht nur bei uns. Ein prominenteres Beispiel ist MyMuesli. Das deutsche Start-up wurde bekannt, weil es anbot, sich über ein Tool im Internet das Müsli individuell zusammenzustellen. Die Idee verbreitete sich rasant, weil sie sich originell anhörte. Doch mittlerweile macht die Firma einen wichtigen Teil des Umsatzes dadurch, dass sie ihre Müslis in Supermärkten wie Edeka und Rewe verkauft. Die

»Product-Market-Fit. Zum Glück haben wir ihn überhaupt gefunden – ohne vorher aufzugeben.«

sind bereits vorgemischt, also gar nichts großartig anderes als das, was die üblichen Müslihersteller anbieten. Die Verpackung sieht nur etwas zeitgemäßer aus. Den Müslimixer gibt es auf der Homepage noch, aber im Vordergrund stehen die fertiggemischten Müslis. Auch in diesem Fall zeigt sich, dass Konsumenten eher etwas auswählen wollen, was schon vorbereitet ist. Einige Unternehmen wie Netflix versuchen mittlerweile eher, die Auswahl zu reduzieren, weil ein zu großes Angebot den Menschen auch überfordern kann. Der Streaming-Dienst will nur noch besonders relevante Filme für die Zuschauer anzeigen.

Diese Lehre zogen wir glücklicherweise früh – wir stellten unser Geschäftsmodell um, von selbstdesigntem Schmuck hin zu einer Auswahl von Designer-Schmuckstücken. Bei dem Vertrieb über Influencer wird die Auswahl noch einmal kleiner – es geht hauptsächlich darum, den Schmuck von einem bestimmten Star zu kaufen. Dafür braucht es nicht 20 unterschiedliche Designs. Drei reichen.

THESE: 3D-DRUCK WIRD EIN GROSSER TREND

Eng mit unseren individuellen Produkten hing auch die Annahme zusammen, dass wir bald alle einen 3D-Drucker in unserem Wohnzimmer stehen haben würden: Wenn wir eine neue Tasse haben wollen, müssen wir uns nur die Design-Datei aus dem Internet herunterladen und bekommen dann ein Unikat ausgedruckt, das ich vorher nach meinem Geschmack gestaltet habe.

Jahre später verwendet immer noch eine Minderheit diesen Drucker. In der Industrie verbreitet er sich stärker, um spezielle Ersatzteile zu fertigen oder schnell einen Prototyp zu erstellen. Es wird viel getüftelt, doch der große Durchbruch, der die ganze Wirtschaft verändert, blieb bislang aus.

Bei Stilnest stellten wir gerade am Anfang diese faszinierende Technologie in den Vordergrund. Wir feierten uns dafür, so fortschrittlich zu sein. Doch die Technologie ist den Käufern oft egal – vor allem bei Schmuck. Die Leute entscheiden nach dem eigenen Geschmack, ob sie etwas schön finden oder ob die Marke so bekannt ist, dass man damit angeben kann.

Der 3D-Druck hatte trotzdem eine gute Seite für uns: Mit dem Verfahren konnten wir schnell auf Trends reagieren – das war der Vorteil gegenüber den großen Schmuckherstellern, die bereits ein Jahr vorher die Winterkollektion geplant hatten. Wir bewiesen, dass es schneller gehen kann. Innerhalb von zwei Wochen. Schickes Aussehen und schnelle Produktion waren die Argumente, nicht dass der Schmuck aus dem tollen 3D-Drucker kam.

Durch diese falschen Annahmen dauerte es drei Jahre, bis wir unseren Schmuck und das Vertriebsmodell so gedreht hatten, dass uns die Kunden die Bude einrannten. Von dem Tool zum Selbergestalten zu der Plattform für andere Designer – und schließlich hin zum Influencer-Marketing. In der Fachsprache heißt dies Product-Market-Fit. Zum Glück haben wir ihn überhaupt gefunden – ohne vorher aufzugeben.

45 MINUTEN RUHM – UND WENIG, WAS BLEIBT

Das Fernsehen mag nur wenige Menschen lieber als C-Promis. Und Influencer gehörten nun dazu. Weil wir den Schmuck für sie entwarfen, zogen wir plötzlich auch die Fernsehtypen an – die merkten: Da tut sich etwas.

Eines Tages im Sommer rief mich jemand vom Fernsehsender Vox an. Die Redakteurin druckste ziemlich rum, um welches Format es überhaupt gehen sollte. Klar war, dass die Sendung nach der bekannten Gründershow *Die Höhle der Löwen* laufen sollte. Darauf, dort ein paar Minuten Airtime zu bekommen, waren viele Unternehmerinnen und Unternehmer sehr scharf. Die wenigsten wollten einen der Geldgeber aus der Jury an Bord haben. Denn 200 000 Euro für 25 Prozent der Anteile an einer Erfindung namens Guatavita mag großartig klingen, aber in der Start-up-Szene ist das eine unglaublich schlechte Bewertung. Zumal die Investoren auch noch um jedes Prozent feilschen und so tun, als wäre man als Unternehmer dumm, wenn man ein Angebot von ihnen ablehne. Dabei könnten einige Start-ups außerhalb der Sendung viel mehr Geld bekommen. Der Ruf der »Löwen« ist bei Start-up-Unternehmern daher auch ziemlich schlecht.

Warum viele Gründerinnen und Gründer trotzdem mitmachen: Sie wollen die zwei bis drei Millionen Zuschauer der Sendung erreichen. Denn ein Auftritt in der Sendung ist wie Gratiswerbung: Millionen erfahren von deinem Produkt – ohne dass du viele tausend Euro Werbegeld ausgeben musst. Nicht wenige Gründer haben wahrscheinlich gebetet, dass die »Löwen« nicht investieren.

Wir wurden aber nicht für *Die Höhle der Löwen* angefragt, sondern für die Sendung danach. Zu der Zeit lief normalerweise so etwas wie *Die Auswanderer*. Die Geschichten handeln meist von

Familien, die sich zum Beispiel auf den Gedanken versteift hatten, dass Mallorca noch ein deutsches Restaurant brauche.

Wir kannten die Nummer mit den C-Promis schon. Über eine Agentur wurden wir mal angefragt, ob wir Daniela Katzenbergers Eheringe produzieren könnten und ein TV-Team den Prozess begleiten dürfe. Wir sagten zu und losten aus – Flo zog den Kürzeren und musste den Hochzeitsschmuckexperten vor der Kamera geben. Die Kollektion war sehr erfolgreich. Uns war trotzdem recht, dass Daniela Katzenberger darauf bestand, dass die Ringe nicht über Stilnest verkauft wurden.

Unser aktueller C-Promi lebte ebenfalls auf Mallorca, wie sich nach dem zweiten Telefonat rausstellte. Allerdings hatte er richtig Geld und einige Schrullen. Seine kitschige Villa war mit unzähligen vergoldeten Micky-Maus-Figuren vollgestellt. Der Plan der Fernsehmacher war, uns »den Fürsten« vorbeizuschicken: Karl-Heinz Richard von Sayn-Wittgenstein. Den Namen hatten wir nie gehört.

Ich musste den hochwohlgeborenen Herrn erst einmal googeln. Den Adelstitel hatte er durch eine Adoption erhalten, seine Abermillionen irgendwie mit Immobilien verdient. Es war eine klassische Fernsehgeschichte. Aus armen Verhältnissen hatte er sich mühsam hochgearbeitet und war nun Multimillionär. Das ganze Gold in seiner Villa auf Mallorca machte ihn noch telegener.

Der Typ sollte uns wirklich helfen – an ein Millionen-Publikum zu kommen. Wir waren für alles offen. Ein paar Wochen später kam er mit dem Fernsehteam zu uns ins Büro gestürmt. »Grüß euch, ich bin der Heinz«, trötete er in den Raum, als würde die ganze Firma ihm gehören. Ich führte ihn durch unsere Büros, und er erzählte Geschichten aus seinem Leben. Zum Beispiel, wie er seiner damaligen Frau Andrea den ersten Ring geschenkt habe. Ein kompliziertes Gebilde. Es sah aus wie ein Krähenfuß. Oder wie der Finger dieser Amazonen, die ihren Gegnern die Augen auskratzen. Wir taten beeindruckt.

Aus seiner Perspektive symbolisierte das Gebilde die Liebe, verbunden durch mehrere Diamanten für die Lebenswege. Bevor er mit seinem Rolls-Royce wieder vom Hof rollte (zum Glück hatte ihn in Kreuzberg niemand angezündet), drehten wir vier Stunden lang irgendwelche Szenen. Ich sollte zum Beispiel mit einem Latte Macchiato in der Hand durch den Betrieb laufen und unseren Bürohund streicheln. Man kann sagen: Vox ließ kein Start-up-Klischee aus. Natürlich sollten wir uns auch vor der Kamera über den Besuch unterhalten. Und so sagte ich zu Tim: »Wir kriegen gleich adeligen Besuch.« Es war Teil des Spiels, um die Massen zu erreichen.

Vier Stunden Fernsehen wären natürlich cool gewesen. Aber der Weg zum Ruhm führt leider immer über den Schnitt nach der Aufnahme – aus den vier Stunden flossen nur einige Sequenzen in die Fernsehfolge ein. Durch die Auswahl der Szenen konnte man einen Helden erschaffen – oder einen Verlierer. Wir hofften, dass uns Vox nicht wie die größten Stümper präsentieren würde. Aber sicher sein konnte man sich da nie. Das war genauso wie in der *Höhle der Löwen*.

Der Fürst mochte uns und war sehr nett, auch wenn das rote Licht der Handkameras mal nicht brannte. Seine Frau fand unseren Schmuck hässlich, das sagte sie auch alle paar Minuten in die Kamera. Sie machte zumindest klar, dass sie skeptisch war. Auch wollte sie ihren Hochzeitsring nicht unbedingt an die Massen verkaufen.

Wir blieben nach dem ersten Drehtag zurück mit dem Auftrag, diesen sonderbaren Ring jetzt nachzubilden. Oh Mann!

Einige Wochen später ging es für Flo und mich dann noch nach Mallorca. Der »Fürst« zeigte uns seine Villa, und wir präsentierten ihm unseren fertigen Ring. Er war ziemlich beeindruckt. Weil unsere Schmuckstücke angeblich zu günstig seien, wollte er sie teurer verkaufen, das war sein ausgefuchster Plan. »Mit einem seriösen Preis, wo jeder schlafen kann«, wie er in die Kamera sagte. Abseits des Fernsehtheaters war Heinz – wir waren per Du – immer noch sehr nett. Ein guter Zuhörer war er natürlich trotzdem nicht, aber er wirkte ernsthaft bemüht, uns zu unterstützen. Er zeigte uns ausführlich seine Micky-Maus-Sammlung und erklärte uns, dass seine Villa nach Plänen des Industriedesigners Luigi Colani erbaut worden war. Ich fand ihn immer noch kauzig, als wir zurück ins Hotel fuhren, aber er hatte sich hochgearbeitet, war intelligenter und netter, als er es im TV zu erkennen gab. Letztlich spielte er das Spiel einfach mit – genau wie wir.

Im Hotel schwammen Flo und ich lange im Pool, der sich ans offene Meer anschloss, es war warm, und wir entspannten in diesen Tagen unglaublich – abseits des sonst so harten Berliner Arbeitsalltages.

Die Aufregung stieg, als ich mir dann Wochen später die Sendung endlich anschauen wollte. Ich war an dem Tag in New York und saß deswegen allein vor meinem Laptop. Im Berliner Büro hatten sie alles vorbereitet, um dem von uns erhofften Ansturm standzuhalten. Der Server sollte nicht schon wieder abstürzen, wenn die Massen kamen.

Es ging los – der Auftritt von Heinz und seiner Andrea. Bevor es um Stilnest gehen konnte, bereitete die Stimme aus dem Off die schreckliche Vergangenheit von Fürst Heinz auf – in Down Under. Für die Sendung war er mit seiner Frau nach Australien geflogen. Um sich die »Narben auf der Seele« wieder aufzureißen und sich seiner Vergangenheit zu stellen. Dramatische Musik, wo blieb Stilnest? »Vorher will der Fürst nochmal nach Berlin. In der Hauptstadt gibt es junge Unternehmensgründer, die den Rat des Multi-

Millionärs brauchen.« Puuh, wir hatten Glück. So manches Start-up ist schon dem Schnitt zum Opfer gefallen – und tauchte trotz langer Drehtage gar nicht in einem Beitrag auf.

Heinz erzählte noch, wie ihm sein Vater in Australien gesagt habe: »Nimm' doch mal die Stange und reib' da mal mit der Dynamitstange auf deine Stirne.« Daraufhin hätte er die Kopfschmerzen seines Lebens gehabt und seinen Kopf gegen eine Wand gehauen, weil er die Schmerzen nicht mehr aushielt. Und sein Vater habe gelächelt und gesagt: »Du musst nicht immer alles tun, was andere Leute dir sagen. Nicht mal, wenn ich dir was sage.« Cut, das haute rein.

Als die Kühlerfigur seines Rolls-Royce durch die Berliner Straßen navigierte, war Heinz wieder super drauf. Unsere grüne Tür kommentierte er nur mit dem Satz: »Ich weiß nicht, ob wir hier richtig sind, schaut alles so komisch aus.« Willkommen bei Stilnest. Nach einem kräftigen Handschlag stieg seine Stimmung in der Sendung. Unser Team, in dem viele kein Deutsch sprechen, begrüßte er in holprigem Englisch mit dem Satz: »Do you feeling good all?« Das Eis war auch für den Fernsehzuschauer gebrochen. Den Ring seiner Frau, der 360 000 Euro gekostet haben soll, zeigte die Kamera mehrfach in Großaufnahme. Ich wurde vor der Kamera gezeigt, wie ich sagte: »Uns interessiert halt vor allem, wie verkauft man Schmuck offline, wir machen ja nur online.«

Heinz ergänzte in einem anderen Take: »Es gibt Millionen Möglichkeiten Geld zu verdienen. Es liegt wirklich auf der Straße. Also ich sage: Hirn aufmachen, Augen aufmachen. Bücken.« Und: »Am Liebsten meine ich natürlich, dass Geld reinkommt – ohne was zu tun, aber das Leben und das Business ist kein Wunschkonzert.« Es ging immer weiter mit den Lebensweisheiten von Heinz: »Wir lieben sogenannte Win-win-Situationen.« Ich hatte seit dem Dreh schon wieder viele der geistreichen Zitate vergessen, die Heinz in die Welt gepustet hatte.

Er fand unsere Gewinnmarge von 20 Prozent, die für uns und den Partner blieb, zu gering. »Also, ich behaupte, dass ich Leute kenne, die sagen: Naja, für 50 Euro kauf' ich nichts, aber es sieht geil aus, wenn das jetzt 350 oder 400 Euro kostet, könnte das interessant werden.« Doch der müsse protzig sein und »krachen«, so wie der Ring von Andrea. Einige ihrer Kommentare hatten es auch in die Vox-Aufzeichnung geschafft: Sie bezeichnete unseren Schmuck als zu »filigran« und zu »unscheinbar«. Und das war von Andrea nicht als Kompliment gemeint.

Wenige Wochen gab Heinz uns Zeit, um den Prototyp zu entwerfen. »Die Newcomer denken klein und die Superreichen groß«, heißt es aus dem Off, während Heinz uns in Aussicht stellte, aus den 18 Mitarbeitern irgendwann mal 200 bis 300 Leute machen zu können. Im Raum stand das Versprechen, dass dieser klobige Klunker für uns zum Durchbruch werden würde. So naiv waren wir damals schon nicht mehr, wir wussten, dass er höchstens sehr spezielle Käuferinnen und Käufer erreichen würde. Unsere Hoffnung war, dass der Auftritt viele der Zuschauer auf unsere Website ziehen würde, die dann vielleicht doch das ein oder andere unserer »filigranen« und »unscheinbaren« Schmuckstücke kaufen würden. Und nicht den teuren Lebensring vom Fürsten.

Weiter ging es in der Sendung mit einer Runde gealterter Schlagerstars wie Costa Cordalis und Matthias Reim. Und einer jüngeren Sängerin, die Heinz als »gut verpackte Praline« bezeichnete. Das Unterhaltungsfernsehen hatte den Zuschauer wieder mit voller Wucht umgehauen. Heinz bezeichnete Matthias Reim als zerknautschten, dünnen Teddybär, der nicht altern kann. Und verkackte die Anmoderation seiner neuen Schlagersendung. Ansonsten sahen die Zuschauer viel von dem vergoldeten Haus.

Höchste Zeit für mich, den Sound leise zu stellen und mal in Berlin nachzuhören, ob die Kasse auch wirklich klingelte.

Siehe da: Zehntausende Leute waren auf einmal auf unserer Website. So viele wie normalerweise ungefähr zu einem Fußballspiel ins Olympiastadion kommen. Normalerweise dauerte es einige Wochen, bis wir diese Besucherzahl vorweisen konnten. Die Macht des Fernsehens. Krass. Und die Seite stürzte nicht ab, alles funktionierte. Ich war einfach nur glücklich und ließ mich weiter mit dem Nonsens von Fürst Heinz berieseln, der mittlerweile in Australien gelandet war, sich zum Ärger seiner Frau nicht an das Rauchverbot halten wollte und in seinen goldenen Aschenbecher aschte. Aus irgendeinem Grund hatte er Streit mit »seiner Andrea«. Irgendwann schaltete ich aus.

In der nächsten Folge sollte es mit unserem Besuch der Villa in Mallorca weitergehen. Schon im Teaser heizte mir Heinz ordentlich ein: »Du musst schon ein bisschen aus dir raus kommen, Mensch. Du musst so: Wumm, verstehst du. Hier bin ich und hier ist Stilnest und wir sind die Besten.« Danke, Heinz – das war eine Lehre.

Für uns war es an der Zeit, zu schauen, ob sich der ganze Aufwand auch gelohnt hatte.

Unseren großen Durchbruch brachten die Promi-Aktionen nicht. Über den Geschmack konnte man ja streiten, aber ich hatte noch eine andere Erklärung dafür: Für die Fans des Selfmade-Millionärs Heinz von Sayn-Wittgenstein waren Produkte etwas, um sich mit ihrem Helden zu identifizieren. Im Fall von Robert Geiss würden sie sich dann ein T-Shirt von ihrem Robert kaufen.

Bei Heinz gab es folgendes Problem: Die männlichen Fans konnten sich den Krähenfuß-Ring schlecht selbst kaufen, dafür waren sie wahrscheinlich zu normal – sowas würde man höchstens als Statement als Designer in Berlin tragen. Und ob sie ihn für ihre Frau oder Freundin kaufen würden, war ebenso fraglich – er war nicht nur teuer, sondern auch noch ziemlich ausgefallen, er würde nicht den Geschmack jeder Person treffen. Weibliche Fans, die sich in dieser Preisklasse einen Ring von Fürst Heinz für sich selbst kaufen würden, gab es wahrscheinlich ebenfalls nicht zuhauf. Und so war die Strategie: Hauptsache auffällig, exklusiv und teuer in keinerlei Hinsicht aufgegangen.

Ich hatte Heinz zwar irgendwie liebgewonnen. Er war alles in allem ein netter älterer Herr, der es zu etwas gebracht hatte, mich schätzte und mit Respekt behandelte. Das rechnete ich ihm hoch an. Trotzdem war das Erlebnis frustrierend. Ein Erfolg war die Fernsehaktion nicht, das mussten wir einfach feststellen. Nicht alles, was Heinz anfasste, wurde zu Gold, wie die Sprecherstimme des Senders die Zuschauer hatte glauben lassen wollen.

Viel Zeit von Flo, mir und den anderen war in das Fernsehprojekt geflossen für einen Auftritt in einer zweifelhaften Sendung, die dann noch nicht einmal viel für uns abwarf. Eine wichtige Lehre daraus war wieder einmal: Es kommt eigentlich nie so sehr auf die Massen an. Denn auch eine Million Webseiten-Besucher bringen dir nichts, wenn niemand etwas kauft.

Hinzu kommt, dass das breite Fernsehpublikum besonders ist. Diese Erfahrung hatten wir schon mit den Fans von anderen TV-Stars gemacht. Mit ihnen konnte man durchaus einige hunderttausend Euro Umsatz machen. Doch auch dabei blieb nicht viel für uns hängen, weil sie gute Deals für sich ausgehandelt hatten. Sie waren einfach in einer besseren Verhandlungsposition als wir. Noch so eine Lehre: Viel Umsatz bringt nichts, wenn am Ende nichts beim Unternehmen hängen bleibt.

Alle Aktionen hatten uns zwar Auftritte im Fernsehen beschert, und doch waren wir mit dem Geschäft nicht sonderlich nach vorn gekommen. Es war mittlerweile ein Luxusproblem, aber wir mussten immer stärker überlegen, ob Leute wie der Fürst oder Daniela Katzenberger langfristig zu unserer Marke passen würden. Wir suchten eigentlich eher nach den treuen Fans der Models und Influencerinnen. Die würden auch eher die hohe Qualität des Schmucks zu schätzen wissen.

Den Fans von Daniela Katzenberger war es im Zweifel nicht so wichtig, ob unser Schmuck aus Deutschland oder aus China kam. Unsere doch recht teuren Produkte hatten ihren Platz in bestimmten Fangemeinschaften, aber nicht überall und schon gar nicht beim breiten Fernsehpublikum. Wir mussten das unter Lernerfahrungen abspeichern. Und uns wieder kräftig an die Arbeit machen, um den nächsten Hit zu landen. Wieder stieg der Erfolgsdruck.

WIR GEHEN NACH NEW YORK!

Die Suche nach neuen Stars war beschwerlich, aber wir wurden immer erfolgreicher. Deutschland, selbst Europa reichte uns nicht mehr – wir wollten in die USA und dort weitersuchen. Denn dort wartete unserer Ansicht nach die richtig große Kohle, die Stars mit vielen Millionen Followern. Das Geschäft unseres Lebens. Unsere Vorstellung von einem Start-up, das überall auf der Welt bekannt ist, trieb uns an. Dieses Mal konnte es wirklich klappen, davon waren wir überzeugt.

Ganz allein konnten wir die Expansion nicht stemmen, wir hatten uns daher beim German Accelerator beworben. Das ist ein Austauschprogramm, das die Bundesregierung finanziert. Vier Monate lange gab sie uns Zeit für die ersten Schritte, sie stellte Büroplätze in New York und Fachleute, die uns bei der Expansion helfen sollten. Danach sollten wir auf uns gestellt sein. Nach einigen Wochen Wartezeit landete die Zusage in unserem Postfach – der nächste Schritt zum Erfolg. Tim und ich sollten uns auf den Weg nach New York machen und dort nach neuen Schmuck-Stars suchen.

Euphorisiert landeten wir in New York. Die Freude hielt allerdings nur, bis ich in meiner Wohnung ankam. Ich hatte extra auf der Plattform Airbnb geschaut, dass ich keines dieser Zimmer ohne Fenster erwische. Trotz langer Suche war mir das nicht besonders erfolgreich gelungen. Mein Verschlag – so kann man es nennen – hatte zwar ein Fenster, doch es kam kein Licht rein. Es ging in einen Hinterhof, der den ganzen Tag dunkel war. Die Wohnung gehörte einem Künstler, der sein Hinterzimmer für 900 Dollar im Monat untervermietete. In das Zimmer passten nur ein Schreibtisch und ein Stuhl. Einen Schrank gab es nicht. Darüber hatte der Künstler ein Hochbett in das Zimmer gezwängt. Es war so nah unter der Decke, dass ich manchmal Platzangst bekam. Wenn ich mich ein wenig aufrichtete, stieß ich mir sofort den Kopf.

Die Wohnung lag im Hipster-Viertel Chelsea in Manhattan, zumindest das war ein Pluspunkt. Ich lief jeden Morgen durch China-Town, vorbei an alten Damen, die ihre Morgengymnastik im Gleichschritt machten, rauf auf die Fußwege, auf denen sich die Anzugträger drängten, mit einem Kaffee in der Hand. Auch ich holte mir regelmäßig einen Latte Macchiato und reihte mich in den Strom der Geschäftsleute ein, die in den New Yorker Finanzdistrikt drängten.

Abends bewegte sich die Herde wieder in die andere Richtung. Die New Yorker Geschäftswelt hatte mich aufgesogen. Ich verstand, dass ich in dieser kapitalistischen Metropole nur ein unwichtiges Tier in der Herde war. Niemand nahm Notiz von mir, ich verschwand in der Masse. Es schien mir so, als hätten viele der Geschäftsleute ihre Fähigkeit verloren, andere Gesichter, andere Menschen überhaupt zu erkennen. In New York bewegten sich einfach zu viele Leute. Die Stadt ist einer dieser Orte, an denen man sich unglaublich einsam fühlen kann, obwohl es von Leuten nur so wimmelt.

Auch am Wochenende – wenn der Strom der Arbeiter ausblieb – lief ich oft durch die Straßen in Downtown Manhattan, dann war die Stadt im Geschäftsdistrikt wie ausgestorben. Ich genoss die letzten Sommertage. Manchmal ging ich ins Büro, um Netflix-Filme zu schauen. Es war die einzige Fluchtmöglichkeit aus meinem zu engen Zimmer.

Manchmal träumte ich, dass ich eines Tages zwischen Bett und Decke zerquetscht würde. Erstmals in meinem Leben merkte ich, was es heißt, keinen Rückzugsort zu haben. Kein gemütliches Bett, keine Studentenbude, kein Sofa bei Raoul, wo ich hingehen konnte und mich einfach nur gut fühlte.

Aus dem US-Büro musste ich das Geschäft in Deutschland managen. Der Morgen bestand meist darin, erst einmal die Feuer zu löschen, die über Nacht per Mail reinkamen. Mittags hatten wir dann Termine mit unseren Mentoren aus dem German-Accelerator-Programm und erhielten gleich die ersten Tipps über die amerikanische Geschäftswelt. Hier waren alle viel offener, aber gute Kontakte zu knüpfen sollte sich als schwierig herausstellen. Unser Coach Warren (leider nicht mit dem Nachnamen Buffett) erklärte uns: Es sei üblich bei einer Konferenz, jeden in der Warteschlange anzusprechen und zu sagen: »Hey, ich bin Julian, und ich bin der Gründer von Stilnest.« Nach einem kurzen Austausch war es in Ordnung zu sagen: »Nice to meet you.« Während ich in Deutschland mit einzelnen Leuten auf Veranstaltungen oft eine halbe Stunde oder länger sprach, ging hier alles schneller – und war unverbindlicher. Absprachen darüber, dass man ja mal über eine Zusammenarbeit sprechen könne, gehörten zum normalen Small Talk und waren selten ernst gemeint.

Durch die Kontakte unseres Mentors Warren lernten wir erste Agenten der Influencer kennen. Sie waren die Gatekeeper, diese Typen mussten wir überzeugen. Wir trafen einige von ihnen. Erst über die Wochen mussten wir feststellen, dass die Instagram-Welt in den USA anders funktionierte. Die Agenten verdienten an den Umsätzen der Influencer, wollten schnelles Geld machen und nicht erst irgendeinen Schmuck zusammen mit uns entwickeln, das war alles viel zu kompliziert, und das gaben sie uns auch schnell zu verstehen. Niemand hatte hier auf ein deutsches Start-up – und schon gar nicht auf uns – gewartet. Woche für Woche bewegten Tim und ich uns wieder in eine neue Sackgasse.

Zumindest hatte ich mich langsam mit der Stadt New York arrangiert. Ich lief an den Wochenenden planlos durch die Straßen, verbrachte Stunden in einer Buchhandlung, in der Norah

Jones gerade einen Überraschungsauftritt hatte. Durch sie spürte ich den Reiz dieser Metropole. In Paderborn, Friedrichshafen oder selbst Berlin würde nicht einfach Norah Jones in einer Buchhandlung auftreten. An die Anonymität hatte ich mich gewöhnt, auch in meiner Wahrnehmung verschwammen die vielen Menschen, die sich bewegten, plötzlich. Ich war endgültig ein Teil der Herde.

In dieser New Yorker Buchhandlung kaufte ich mir damals einen Ratgeber, wie man lernt, besser zu schreiben. In mir spürte ich damals das tiefe Bedürfnis, mich mit anderen Themen zu befassen als mit Schmuck und Influencern. Ich fühlte mich an manchen Tagen leer. Irgendwas in mir fragte nach neuen geistigen Inhalten und Problemstellungen.

Es war wohl ein erstes Anzeichen, dass irgendwas nicht stimmte. Doch bevor ich zu lange darüber nachdenken konnte, gab es in Deutschland neuen Ärger.

Wir brauchten wieder Geld. Unsere bisherigen Investoren hatten es uns bereits zugesagt, wenn wir ein bestimmtes Umsatzziel erreichen würden. Alles lief weiter gut. Ich war sehr zuversichtlich, dass die Investoren uns das Geld geben würden – und mir auf die Schulter klopfen würden, um zu sagen, wie toll dieses Jahr doch gelaufen sei. Unsere Errungenschaften konnten sich schließlich sehen lassen: Wir schauten uns gerade an, ob wir in die USA expandieren. Ein Konkurrenz-Start-up hatte kurz zuvor viel Geld von seinen Investoren bekommen – es ist immer ein gutes Zeichen, dass auch andere Leute an diesen Markt glaubten, in dem wir uns bewegten. Und am wichtigsten: Die Umsätze entwickelten sich gut. Wir würden das Ziel verfehlen, aber nur knapp. Das kam in der Start-up-Welt fast jeden Tag vor.

In einer Mail kündigte ich das an, versehen mit den Zahlen und der Ankündigung. Es gab keine Resonanz. Niemand schrieb »Klar« oder »Juhu«.

Tief in mir drin spürte ich, dass sich da etwas zusammenbraute. Ich musste mehrfach nachfragen, nur Stück für Stück gaben die Investoren das Problem preis. Ein Geldgeber wollte seinen Anteil nicht einfach bezahlen, er wollte die gesamte Finanzierungsrunde noch einmal ganz neu verhandeln. Der Investor sah seine Chance, unsere Unternehmensbewertung nach unten zu drücken. Das hieß für ihn: mehr Anteile und mehr Macht – und mehr Gewinn, wenn das Unternehmen eines Tages verkauft werden würde. Es war für mich ein Tritt in die Magengrube.

Der Investor wollte nicht sehen, wie wir uns in den vergangenen Monaten krummgemacht hatten. Wie viel Arbeit in unser Unternehmen geflossen war. Und dass wir auch endlich Ergebnisse vorweisen konnten. Stattdessen wollte der Investor vor allem eins: seine Verhandlungsposition so maximal ausnutzen, wie es nur eben ging. Das Perverse war: In unseren Verträgen stand bereits, was passiert, sollten wir das Ziel verpassen. Wir hatten damals verhandelt, dass die Investoren in diesem Fall mehr Anteile bekommen sollten. Damit waren wir einverstanden. Doch der eine Geldgeber erkannte, dass noch viel mehr für ihn zu holen war.

Wieder einmal fühlte es sich an, als würden wir der Länge nach hinfliegen. Wir sprinteten mit Stilnest gerade zum Erfolg und der Geldgeber warf uns bei voller Geschwindigkeit einen Ast zwischen die Beine. Dass er unsere Anstrengung nicht sah, unsere Motivation, sondern nur seinen eigenen Vorteil, tat weh.

Ich kehrte aus New York zurück. Mir blieb immer noch ein bisschen Berufsoptimismus, dass doch noch alles klappen und die Investoren uns das vereinbarte Geld auszahlen würden. Die Wochen vergingen und der Konflikt lag wie ein dunkler Schleier über meinem Leben. Die Tage zogen an mir vorbei, ohne dass ich heute noch sagen kann, was ich damals eigentlich so getrieben habe.

Nach einigen Wochen ging es zurück in die USA. Dort sollte ich das Austauschprogramm vom German Accelerator beenden. Dieses Mal war ich in einem kleinen Zimmer in Brooklyn. Das Haus einer Schauspielerin, die sich dadurch ebenfalls ihren Lebensunterhalt finanzierte. Ihre ganzen Räume waren voll mit anderen Airbnb-Gästen. In meinem Zimmer war gerade Platz für ein großes Bett, ich hatte den Blick auf einen Park. Es war klein, aber schön. Ich war endlich in New York angekommen.

Am Wochenende schlenderte ich durch Brooklyn und hörte acht Stunden lang Podcasts. Eine Geschichte erzählte von dem erfolgreichen Podcast-Unternehmer Alex Blumberg, der seine eigene Gründung mit einem Mikrofon begleitete. Seine Investorengespräche, die Bedenken seiner Frau. So nah war ich einem Gründer noch nie gekommen. Ich konnte mich so gut in ihn hineinversetzen, weil ich das alles auch erlebt hatte. Ich tauchte in die Welt einer verrückten Gründungsgeschichte ein, während ich am East River entlanglief. Ich schaffte es, alle negativen Reize meiner Umwelt einfach runterzudimmen. In diesen Stunden war ich wieder zufrieden. Ich fühlte mich Tag für Tag wohler in der Stadt. Das Start-up-Programm in Manhattan flimmerte nebenbei wie ein Fernseher, den ich vergessen hatte auszustellen. Mein Geist war sonst belegt von der Frage, wie wir uns wieder einmal über den Abgrund hangeln konnten.

Mit jeder Mail wurde mir klarer, dass der Investor es sehr ernst meinte mit seinen komischen Auswüchsen. Dann hatten wir ein erstes Telefongespräch. Es war einer dieser zentralen Momente, die noch sehr klar vor meinem inneren Auge zu sehen sind. Ich saß in einem Konferenzraum des Accelerators, ohne Tageslicht, dafür mit Plexiglas. Jeder konnte sehen, wie ich ihn anrief. Ich hatte damals schon Ärger in mir, der sich Tag für Tag stärker zusammenbraute. Ich sagte dem Geldgeber, dass ich nichts von seinen Plänen hielte. Er schob den schwarzen Peter einem anderen Investor zu. Ich merkte damals schon, dass er reserviert war, damit es ihn emotional nicht so stark mitnehmen würde, wenn er mit uns brechen müsste. Oder dass es, wenn wir uns nicht auf seine Forderungen einließen, weitere Konflikte geben würde.

Eine letzte Chance sollte ich noch bekommen: Sie wollten mich sehen, teilte mir einer der Investoren mit. Ich antwortete, dass ein kurzfristiger Flug sehr teuer sei. Egal, ich solle zurück nach Deutschland kommen, schrieb er nur. Alle Alarmglocken läuteten bei mir mittlerweile. Ich kaufte ein Ticket für etwa 800 Euro und machte mich auf den Weg.

Nach meiner Ankunft in Deutschland fuhr ich direkt am nächsten Tag zusammen mit Michi nach Wilmersdorf zur Investitionsbank Berlin, die mit ihrem VC-Fonds bei uns investiert hatte. Ihre Start-up-Abteilung war in dem Bankgebäude untergebracht. Schon das Foyer mit den hohen Decken und viel Marmor strahlte Macht und Größe aus – anders als man es bei einem drögen Namen wie Investitionsbank Berlin vielleicht erwarten würde. Das Gebäude sah nicht aus wie eine Sparkasse oder Volksbank.

Unten mussten wir uns anmelden, um in den sechsten Stock zu kommen. Mit jedem Schritt und den Fragen am Empfang stieg unsere Nervosität. Wir traten im sechsten Stock aus dem Fahrstuhl, die Sekretärin begleitete uns in einen der Besprechungsräume. Es war einer dieser Räume mit einem massiven Holztisch in der Mitte, schwarzen Stühlen und einem weitläufigen Blick über die Skyline von West-Berlin. Die Möbel würde ich als Mittelstandsschick bezeichnen. Von dem Geld für diese teuren Möbel hätten sie sich auch etwas Anständiges kaufen können. Rundherum waren Büros.

Wir trafen uns oft dort. Stephan (Name geändert), einer der Investoren, kam in den Raum. Er zeigte selten eine Emotion. Ein mechanisches kurzes Lächeln bei der Begrüßung war offenbar das Einzige, was seine Gesichtsmuskulatur vollbringen konnte. Wie eine kurze Verspannung. Große Lust auf Small Talk hatte keiner von uns.

Wir waren gekommen, um einen anderen Investor anzurufen. Ich befand mich schon im Angriffsmodus. Als Gründer hatte ich eigentlich permanent Angst, dass mich jemand verarscht. Deswegen war es oft sehr anstrengend, mit mir zu diskutieren, aber sonst hätten uns verschiedene Leute unzählige Male einfach alles genommen. Schließlich war es ja auch so, dass jemand unser Baby, das Start-up, bedrohte.

Der andere Investor ging ans Telefon und fragte, wie es uns gehe

Ich antwortete: »Nicht so gut.«

Das könne er verstehen, kam es aus der Telefonspinne.

Wir gingen gleich in die Konfrontation: »Wir haben doch unsere Ziele fast erreicht, was ist das Problem?«

Aus der Leitung kam, wir hätten sie aber nicht erreicht. Er war immer freundlich und redete nie besonders laut. Ganz ruhig und bestimmt erklärte er uns, dass sie uns nicht einfach weiterfinanzieren würden.

»Das ist doch scheiße – wir haben hier richtig Aufwind, und ihr haltet euch nicht an die Absprachen«, rief ich. Es war eigentlich genau vereinbart, was passieren würde, wenn wir die Ziele nicht erreichten.

Doch alles war vergeblich. Ich hatte die Vermutung, dass die Entscheidung im Hintergrund längst gefallen war – und er musste diesen harten Einschnitt jetzt durchbringen und verteidigen. Auch als ich dem Investor am Telefon sagte: »Ich kann nur sagen, dass es uns als Gründer ziemlich demotiviert«, kam keine Reaktion.

Das Problem war: Mit einer neuen Finanzierung, aber einer schlechteren Bewertung und schlechteren Konditionen würden wir als Gründer an Anteilen verlieren. Uns würde die Firma Stück für Stück aus den Händen gleiten. Es gab gleich mehrere Probleme: Bei einem Verkauf würde die Chance sinken, dass wir jemals Geld sähen. Das war aber einer der Faktoren, der uns antrieb: Eines Tages viel Geld zu erhalten, das wir dann wieder in neue Ideen stecken könnten. Uns sollten nach dem Deal noch zusammen weniger als ein Drittel der Firma gehören. Es ging uns dabei nicht so sehr um das Geld. Es ist vielmehr das Gefühl, dass dir die Firma nicht mehr gehört. Und dann ist man am Ende doch nur ein Angestellter. Nur halt nicht in einem großen Betrieb, sondern bei einer jungen Firma.

Ein weiteres Problem: Ist die Bewertung erst einmal so niedrig, dann gibt es weitere Herausforderungen, wenn sich künftig neue Geldgeber an dem Unternehmen beteiligen möchten. Denn eine Unternehmensbewertung spiegelt auch immer wider, wie Investoren ein Start-up und seine Zukunftsaussichten einschätzen. Sehen die Leute eine dunkle Zukunft, ist es ungemein schwerer, neue Investoren zu überzeugen. Und eine sinkende Unternehmensbewertung zeichnet ein extremes düsteres Bild.

Zusätzlich mögen neue Geldgeber eine Firma, in der die Gründer noch das Sagen haben. Mit wenigen Anteilen ist dies nicht mehr unbedingt der Fall. Dann wird sich auch jeder neue Investor fragen: »Was motiviert den Gründer, weiter so hart zu arbeiten, wie er es bislang immer getan hat?« Das Feedback hatten wir uns schon von einigen Investoren eingefangen. Sie waren vom Geschäft begeistert, aber als sie sahen, dass unsere Investoren schon weit mehr als die Hälfte hielten, winkten sie ab. »Clean your cap table«, gaben sie mir auf den Weg, was so viel bedeutet wie: »Klärt eure Eigentumsverhältnisse.«

»Ich kämpfte mit allen Kräften um das Überleben meines Unternehmens, und dieser Typ wollte einfach pünktlich um sechs nach Hause gehen.«

Das Gespräch mit unseren Investoren lief eine Stunde, ohne dass wir uns von der Stelle bewegten. Es war so hart, dass Stephan irgendwann einfach aus dem Gespräch rausging. Ich glaube, er konnte die Spannung nicht mehr aushalten. Wir waren jetzt plötzlich allein mit demjenigen, der uns gerade so zugesetzt hatte, dass es uns die Zornesröte ins Gesicht trieb. Gerade in einer Zeit, in der es so gut lief, fühlte sich sein Verhalten wie ein großer Verrat an. Ein Verrat an der harten Arbeit, die wir über die ganzen Jahre geleistet hatten.

Wir mussten die Sache jetzt klären. Ich suchte Stephan überall. War er einfach gegangen? War ihm unser Start-up so egal? Warum hatte er uns nicht verteidigt?

Irgendwo in der verwinkelten Büroetage fand ich ihn endlich.

»Warum hilfst du uns nicht, Stephan?«, fragte ich ihn.

Das bringe doch jetzt nichts, sagte er wie ein bockiges Kind.

Gerade in diesem entscheidenden Moment wollte er uns also fallen lassen. Ich war komplett enttäuscht. All der Respekt, der sich über die Jahre aufgebaut hatte, war von einem auf den anderen Moment weg. Es zeigte sich in Situationen wie diesen, ob jemand selbst schonmal gegründet hatte und durch den Matsch gerobbt war – oder ob er einfach nur dabei zusah.

Ich kämpfte mit allen Kräften um das Überleben meines Unternehmens, und dieser Typ wollte einfach pünktlich um sechs nach Hause gehen. Ohne für uns zu kämpfen. Wir konnten es nicht glauben.

Der Investor auf der anderen Seite der Leitung hatte angedeutet, dass er gar kein Geld mehr zahlen wolle. Er hätte uns dann einfach in das Weihnachtsgeschäft laufen lassen – um zu schauen, wie lange wir es packen. Es war wie ein Experiment: Sie würden uns aussetzen und schauen, wie lange wir überleben. Ich als CEO trug die Verantwortung – für die Mitarbeiter, aber auch unsere anderen Partner. Ich war als Geschäftsführer haftbar. Ich war nicht gewillt, mich dem Experiment auszusetzen.

Wir riefen den Investor ein zweites Mal an. Er diktierte uns die Bedingungen, zu denen die Finanzierung stattfinden könnte. Es fühlte sich so an, als würde uns jemand beauftragen, einen Vertrag über unsere eigene bedingungslose Kapitulation zu unterschreiben. Wir gingen aus dem Bankgebäude hinaus in die Nacht und fühlten uns leer. Alle Bedingungen der Finanzierung mussten wir neu verhandeln. Und es war uns klar, dass dabei ein schlechter Deal rauskommen würde, das hatte der Investor am Telefon schon klargemacht. Wir fühlten uns um unseren großen Firmenerfolg gebracht.

Nach diesem Gespräch war mein absoluter Fokus auf den Erfolg von Stilnest gebrochen. Wir fühlten uns verraten. Jahrelang war Stilnest mein Leben, ich hatte nie einen Zweifel zugelassen. Plötzlich war alles anders.

Wir fühlten uns handlungsunfähig. Bisher hatten wir uns aus jeder noch so ausweglosen Situation befreit, aber jetzt sahen wir keinen Weg mehr. Hätte ich einen reichen Vater im Hintergrund gehabt, hätte schon die Möglichkeit, dass er einspringen könnte, die Verhandlungen verändert. So hingegen sitzt du mit jemandem am Pokertisch, der viele Chips vor sich liegen hat – und du selbst besitzt nur noch wenige. Dein Gegenüber hat die Macht, 20 Runden durchzuziehen und immer wieder zu bluffen. Wenn du in wenigen Wochen Insolvenz anmelden musst, hast du diesen Luxus nicht. Dann weißt du, jeder Bluff kann das Ende sein. Jedes Mal All-in-Gehen ist die letzte Möglichkeit.

Eine Sache blieb mir noch übrig. Ich schrieb an die Investoren eine Mail, in der stand, ihr Verhalten habe uns demotiviert. Es kam keine Reaktion. Das war uns auch nicht wichtig, Mitleid hätte nichts besser gemacht. Aber wir wollten, dass es schwarz auf weiß irgendwo stand. Was auch immer kommen würde, wir wollten die Sicherheit haben, den Geldgebern gesagt zu haben: Es stand bereits in dieser Mail, wir haben euch gewarnt.

ICH WILL RAUS

Einige Tage später trafen wir uns mit den Geldgebern zur Gesellschafterversammlung. Ich war nicht mehr sauer. Um sauer zu sein, muss man den Willen haben, noch zu kämpfen. Den hatte ich nicht mehr. Die Verträge hatten wir per Mail schon ausgehandelt. Die Stimmung war unterkühlt. Wir gingen alle Tagesordnungspunkte durch. Erst gegen Ende kamen wir zu einem Punkt, der uns sehr bewegte. Michi sagte: »Wir wollen, dass im Protokoll festgehalten wird, dass wir durch diese Aktion demotiviert sind.« Jemand in der Runde wollte es abtun. Wir machen doch immer nur Protokoll zum Ablauf, nicht zum Inhalt, sagte er.

Wir blieben hart. Es war uns wichtig, dass dies nicht nur in den E-Mails stand, sondern auch in einem ganz offiziellen Protokoll. Wir waren immer noch extrem abgefuckt. Nach etwa drei Stunden war das Gespräch endlich vorbei. Und im Protokoll stand schwarz auf weiß, dass wir mit dem Vorgehen des Investors nicht einverstanden waren.

Der eine Geldgeber war wie immer extrem freundlich zu uns. Er fragte, ob wir noch etwas trinken wollen würden. Wir wollten. Es war so eine Art Henkersbier für uns. Zusammen saßen wir in einer Kreuzberger Bar, in der es ein großes Hochbett gab. Irgendeinen *fancy shit* braucht einfach jede Bar in Berlin, sonst würde man ja einfach nur Bier dort trinken können. Wir saßen etwas abseits vom Trubel und tranken, ohne viel zu reden. Ich war freundlich zu dem Investor, aber auch sarkastisch. Es waren Botschaften, die er wahrscheinlich nicht lesen konnte. Wir wollten uns natürlich nicht in die Karten schauen lassen – denn er wollte wahrscheinlich rausfinden, wie wir uns fühlten, ob wir wütend auf ihn waren und ob wir womöglich das Unternehmen bald verlassen würden. Das sollte er heute Abend nicht erfahren.

Nach einem Bier, das er uns ausgab, machte er sich auf den Weg. Und wir bald auch. Das Jahr war unglaublich hart gewesen und das anstrengende Weihnachtsgeschäft war in vollem Gange. Ich merkte plötzlich, wie uns diese Zeit gezeichnet hatte, wir waren einfach nur erschöpft. Jeder von uns.

Von außen lässt sich nur schwer erklären, warum wir uns so verraten fühlten. Wir fühlten uns von den Investoren im Stich gelassen und sie hatten viel mehr von unserer Firma genommen, als ihnen zustand. Die Ereignisse nagten an uns allen. Wir hätten in den Verhandlungen auch härter bleiben können – doch dann wäre die Alternative gewesen, einfach zu sagen: »Wir gehen in die Insolvenz.« Aber das wollten wir nicht. Ich fühlte mich den Mitarbeitern gegenüber verpflichtet, ich wollte sie nicht im Stich lassen.

Wie Maschinen arbeiteten wir still in der Weihnachtszeit vor uns hin. Ich war immer derjenige, der den Überblick behielt und schaute, ob alle Kampagnen funktionierten, die Lieferanten auch bezahlt wurden und ob unsere Partner genug Schmuckstücke vorproduzierten, um auf den Ansturm vorbereitet zu sein.

Zur gleichen Zeit fing ich an, mich umzuschauen. Über die Jahre hatte ich bei allen Jobangeboten oder anderen Gründungsideen immer sofort gesagt: »Nee, kein Interesse.« Es schien mir schon ein Verrat zu sein, überhaupt den Gedanken zuzulassen, irgendwann nicht mehr nur für Stilnest zu arbeiten. Mit einem Bekannten sprach ich über eine neue Start-up-Idee, und meine alte Uni hatte bei mir angeklopft und gefragt, ob ich Interesse hätte, ihre Start-up-Abteilung zu leiten. Ich ließ die Gedanken plötzlich zu und malte mir aus, wie es sein würde, einen neuen Job zu machen.

Statt zwölf Stunden pro Tag arbeitete ich noch zehn. Ich erledigte meine Arbeit immer noch gut. Ich fühlte mich gelöst. Der ganze Druck fiel von mir ab.

ICH WILL RAUS

Am zweiten Januar traf ich mich mit Tim und Michi in einem Frühstücks-Café in der Oranienburger Straße. Weit weg vom Büro. Das kam eigentlich nie vor, weil wir nicht von zu Hause arbeiteten, sondern Tag und Nacht im Büro hockten. Berlin war nach Silvester noch verhältnismäßig menschenleer. Wir hatten einen Platz etwas abseits gefunden. Ich aß ein Käse-Sandwich. Die beiden anderen saßen vor ihren großen Kaffees.

Wir hatten uns verabredet, um über die Zukunft des Unternehmens zu sprechen. Genauer: über unsere Zukunft. Es war eigentlich wie damals im Park, als wir in der Runde saßen und überlegten, ob wir einfach aufgeben sollten.

»Ich will aussteigen, Leute«, sagte ich. »Ich habe lange drüber nachgedacht, aber Schmuck ist nicht mein Hauptthema, ich brenne dafür nicht.« Es war einfach für mich zu Ende.

Die Entscheidung hatte ich lange mit mir herumgetragen, mit anderen Gründern gesprochen, die meine Gedanken hinterfragten: »Willst du wirklich wieder bei null anfangen?« Oder: »Bringt dir das wirklich so viel, wenn du weg bist?« Und: »Was wird aus dem Unternehmen, wenn du raus bist?«

Ich war trotz aller Zweifel zu dem Schluss gekommen, dass ich nicht mehr will. Das Verrückte war, ich hatte kein schlechtes Gewissen, als ich mich nach neuen Jobs und Möglichkeiten umhörte.

Die beiden anderen waren wenig überrascht.

»Ich auch«, sagte Michi.

Auch er sehnte sich nach einer Auszeit. Er brauchte das gar nicht lange zu erklären. Ihm gehörten noch etwas weniger als 4 Prozent der Unternehmensanteile, und er war Programmierer mit einem vergleichsweise niedrigen Gehalt bei uns. Er würde nur mit dem Finger schnippen müssen und gleich drei neue Jobs mit dem doppelten Gehalt angeboten bekommen. Zwischen drei

Menschen, die über fünf Jahre auf engstem Raum gearbeitet hatten, bedarf es manchmal keiner großen Worte.

Der Scheinwerfer schwenkte auf Tim: Er wolle weitermachen, er traue sich das zu, sagte er. Die Entscheidung überraschte mich – ich fand sie unglaublich mutig. Uns war allen klar: Tim würde unser aller Jobs übernehmen. Florian, der weitere Mitgründer, sollte als Meister der Produktion an Bord bleiben und einige Aufgaben von Michi übernehmen. Er war schon immer die wichtige Stütze im Hintergrund gewesen, die dafür sorgte, dass alles mit den Produkten und Designs funktionierte – ohne ihn lief vieles nicht. Florian machte kein großes Aufheben um sich, aber schon seit dem Start war immer Verlass auf ihn gewesen, seine Arbeit machte er gut. Schon einige Male in den Fernsehsendungen hatte er die Firma nach außen präsentiert, etwa bei Daniela Katzenberger. Flo passte in das Bild, das wir gerne von unser Firma erzeugen wollten: Jung, mit einem großen Wissen über die Technik – und einem Look, der nicht an den nächsten Business-Kasper erinnerte. Aber auf den CEO-Job hatte er sicherlich keinen Bock.

Tim würde sich künftig nicht mehr nur um das Marketing kümmern, sondern das gesamte Unternehmen führen. Er musste sich in die Buchhaltung einarbeiten und die Technologie verstehen. Es lag viel vor ihm. Er war jemand, der sich festbiss – und nicht wieder losließ. Manchmal hatte das den Effekt, dass er zu wenig rechts und links schaute und zu fokussiert war, die Aufgabe zu erledigen. Tim hätte wahrscheinlich auch nie allein ein Start-up wie Stilnest gegründet. Doch hatte er erstmal den Job, hängte er sich unglaublich rein. Es war natürlich eine tolle Eigenschaft, so beharrlich zu sein. Das bewies sich jetzt.

Mit Tim würde nun ein CEO an die Spitze kommen, der Ahnung von Marketing und Markenaufbau hatte – das war essenziell für unser Schmuck-Start-up. Ich hatte davon anfangs keinen Plan.

Über die Jahre war es mir gelungen, mehr von dieser Designer-Szene zu verstehen. Ich hatte in dieser Zeit – nach der Gründung mit 22 Jahren – viel erreicht, mehr als manch anderer mit 50. Stilnest beschäftigte gerade 20 Mitarbeiter, wir waren auf dem gutem Weg, Millionenumsätze zu erzielen. Doch ich hatte Stilnest die ganze Zeit hin und her balanciert, und mehrfach war es mir runtergefallen.

Wir gingen aus dem Café, ich fühlte mich frei wie nie zuvor. Den großen, schweren Rucksack der vergangenen Jahre würde ich absetzen. Das sollte jetzt Tims Rucksack werden. Ich sah alles plötzlich in einem anderen Licht. Merkte, wie verstockt ich oft gewesen war. All die Verantwortung für Stilnest und die Mitarbeiter fiel von mir ab. Ich hatte in den Jahren alle Knöpfe gedrückt, viel Geld von Investoren reingeholt und so oft das Geschäftsmodell gedreht, bis die Umsätze endlich reinkamen. Wir waren als Start-up für 3D-Druck gestartet und waren zum Online-Händler geworden. Ich war aber kein Schmuckfan, Schmuck war nicht mein Leben. Ich hatte keine Ahnung, welcher Ring gut aussah und welche Kette nicht. Als Unternehmer hilft es häufig, nüchtern auf das Geschäft zu schauen und lieber die Zahlen anzusehen, als nach dem Bauchgefühl zu gehen. Jetzt, wo der unternehmerische Reiz weg war, verschwand mein Interesse am Schmuckmarkt aber schlagartig. Und so war es auch eine Chance, dass Tim das Ruder übernehmen würde.

Ganz im Stillen begann ich, ihn in alles einzuweihen. Wie ging Buchhaltung, was war bei den Investoren-Reportings wichtig? All die Dinge, die über die Jahre an mir hängen geblieben und die für mich mittlerweile Routine waren. Diese Aufgaben musste ich nun weitergeben. Niemand in der Firma bekam richtig mit, wie wir uns etwas konspirativ mehrmals pro Woche trafen. Vielleicht wunderten sich einige im Allgemeinen über meine gute Laune.

Das Wichtigste stand uns noch bevor: Wir mussten uns einen Schlachtplan überlegen, wie wir unsere Entscheidung mitteilen würden. Den Geldgebern und unseren Mitarbeitern. Die einen hatten uns in der Hand, den anderen schuldeten wir einen würdigen Abschied. Wir hatten es nicht eilig, aber ein richtiges Timing zu finden, war extrem schwierig. Wie viele E-Commerce-Firmen befanden wir uns im starken Wachstum und würden bald wieder neues Geld brauchen. Und erst im August würden laut Vertrag auch unsere Unternehmensanteile komplett uns gehören. Ein sogenanntes Vesting. Vorher liefen wir Gefahr, alles zu verlieren, auch wenn wir nun schon seit fast fünf Jahren das Unternehmen aufgebaut hatten.

Michi und ich redeten mit einem Anwalt, der uns riet, noch nichts zu sagen, noch etwas stillzuhalten. Aber es ging jetzt auch darum, dass an einem missglückten Übergang nicht die Firma zu Grunde ginge. Wenn wir bis zum Sommer versuchten, eine Finanzierung zu bekommen und dann sagen würden »Wir sind übrigens raus«, dann würden auch die neuen Geldgeber wieder abspringen. Denn sie würden ja auch in uns investieren, in dem Glauben, dass wir das Unternehmen weiterführen und uns wieder erneut Jahre an das Unternehmen binden würden. Und das hatten wir nicht vor.

Wir machten einen Termin mit den Geldgebern. Michi und ich saßen wieder in dem Bankgebäude der Investitionsbank Berlin, mit Blick über die Skyline von Berlin. Uns gegenüber saßen zwei Investment-Manager, einer von der IBB-Beteiligungsgesellschaft, der andere von Klingel. Weil sie die meisten Unternehmensanteile besaßen, hatten sie die Macht. Keine große Entscheidung ging ohne sie. Ludger hatte Klingel mittlerweile verlassen und konnte uns nicht mehr helfen. Wie schon bei den Entlassungen war klar: Die Nachricht muss sofort raus. Aber dieses Mal waren wir es, die schlechte Nachrichten zu überbringen hatten.

»Wie ihr wisst, hatten wir mit der letzten Runde unsere Probleme. Wir haben uns entschieden, das Unternehmen zu verlassen«, sagte ich. Den Satz hatte ich mir zurechtgelegt. Er saß.

Ich sah die Überraschung in den Gesichtern der beiden Manager. Darüber müsse man doch reden können, sagte einer.

Ich zog die Augenbrauen nach oben: »Nein, die Entscheidung ist gefallen.« Hatten sie das wirklich nicht kommen sehen?

Ob die Reaktion nicht etwas übertrieben sei, fragten sie.

Diesmal waren wir es, die hart blieben. »Nein, das ist nicht übertrieben. Wenn man nicht für seine Gründer einsteht, muss man sich nicht wundern, wenn sie das Unternehmen verlassen«, sagte ich.

Die Stimmung war mittlerweile eisig. Nach 15 Minuten verließen wir das Besprechungszimmer wieder. Immerhin schüttelten sie uns noch die Hand. Wir konnten nicht fassen, dass sie trotz der vielen Vorwarnungen überrascht waren. Wir hatten es so oft klar gemacht, dass sie dabei waren, eine rote Linie zu überschreiten. Sie hatten es offenbar nicht ernst genommen. Wir fragten uns, was andere Gründer wohl bereit waren zu akzeptieren. Für uns aber war das Maß voll.

Sonst hatten wir jede Woche mal kurz telefoniert oder eine Mail geschrieben. Nach dem Treffen war Funkstille. Ich telefonierte die anderen Teilhaber noch durch. Einer versuchte, mich umzustimmen, der andere wünschte mir Glück für den weiteren Weg. Mein Exit-Plan lief. Ich bin kein Mensch, der Entscheidungen in solchen Situationen infrage stellt. Es tat mir leid für einige der kleineren Investoren, die mich stets unterstützt hatten. Aber bei anderen dachte ich mir: selbst Schuld.

Der nächste Teil meines Abschiedsplans war der wichtigste. Ich musste meinem Team sagen, dass Schluss ist. Über mehrere Jahre hatte ich sie stetig angepeitscht, ihnen vermittelt: »Wir müssen immer weiter kämpfen, auch wenn es mal schlecht aussieht.« Und jetzt musste ich ihnen mitteilen, dass ich selbst gehe. Das war hart. Vor allem bei zwei Menschen aus dem Team mussten wir aufpassen. Anna und Justin.

Anna war eine Einzelgängerin, aber sie war wie besessen von ihrer Aufgabe. Ihre Ergebnisse waren beeindruckend. Sie zog viele Influencerinnen an Bord und baute sich selbst ein eigenes Instagram-Profil auf, mit mehreren tausend Followern. Sie lebte die Idee von Stilnest. Das war eine Mitarbeiterin, die man sich in einem Start-up unbedingt wünschte, man brauchte sie.

Und Justin war der Techniker, er kannte abgesehen von Michi alle Systeme, die Website, das System zum Verteilen der Aufträge. Ohne ihn würde es gar kein technisches Know-how in der Firma mehr geben, denn danach in der Kette kam ein Praktikant. Ich wollte mit Anna in Kontakt bleiben, und Michi sollte sich um seinen Mitarbeiter Justin kümmern.

Wir schauten in geschockte Gesichter, als wir dem Team sagten: »Für uns ist jetzt Schluss, wir müssen nach dieser langen Zeit mal etwas Neues machen.« Nach unserer kurzen Ansprache meldete sich keiner mit Fragen. Die ganze Wahrheit konnten wir ihnen damals nicht verraten, nämlich, dass die Investoren uns übel mitgespielt hatten.

In den Tagen danach kamen die Mitarbeiter an meinen Tisch und sprachen mit mir. Sie waren traurig, es fühlte sich wie eine Zäsur an. Ein schlechtes Gewissen hatte ich nicht. Schließlich hatte ich die Firma nicht an dunkle Mächte verkauft. Ihr neuer Chef war nicht Darth Vader, sondern Tim. Und ich wusste, er würde das gut machen.

Mit den Geldgebern mussten Michi und ich nun verhandeln, wie wir den Übergang regeln würden. Wie schon bei Raoul zeigten sie sich von ihrer harten Seite. Wenn wir gingen, bekämen wir gar nichts, deutete ein Angel-Investor an. So heißen die kleineren Investoren. Er spielte damit auf eine Klausel in unseren Verträgen an, die schon bei Raoul ein Problem gewesen war. Es kochte mal wieder Ärger in mir hoch. Bei Raoul hatten wir als Gründerteam noch Druck aufgebaut, dass wir sonst hinwerfen würden. Diesen Trumpf hatten wir nicht mehr. Wir sprachen lange mit Tim, der sich schließlich für uns einsetzte – mit dem ganzen Gewicht als verbleibender Geschäftsführer. Er sprach offenbar mit den Geldgebern im Hintergrund, dass er jetzt keine Ablenkung vertragen könne bei der Übernahme des Unternehmens, diesen Eindruck hatten wir zumindest. Den Geldgebern war klar, welchen Wert Tim für sie hatte, einen viel größeren als noch vor unserem Ausscheiden. Nun ging es um die Details. Die Investoren hatten den Ernst der Lage verstanden und verringerten den Druck etwas, sie signalisierten uns ein Entgegenkommen. Das war ein großer Erfolg für uns.

Eigentlich wollten wir noch ein paar Monate bleiben, um den Übergang besser organisieren zu können. Doch das ging nicht. Die Investoren teilten uns mit, dass wir schon in zwei Wochen raus seien. Das tat etwas weh. Ich hatte nicht damit gerechnet. Und zwei Wochen würden nicht reichen, um die Übergabe zu arrangieren.

Wenn ich aus der Perspektive der Firma dachte, konnte ich sie aber auch verstehen. Michi und ich verdienten zu der Zeit bereits jeder ein ganz gutes Gehalt und verursachten Kosten für die Firma. Wir hatten uns nach dem Streit mit den Investoren im Herbst entschieden, das Gehalt stark zu erhöhen. »Wenn ihr uns schon verarscht, dann wollen wir wenigstens ein normales Gehalt«, sagten wir uns damals. Nun waren unsere Gehälter Ausgaben, die das Unternehmen gut für andere Dinge gebrauchen konnte. Gerade bei der dünnen Finanzierung, die nur noch bis August reichte.

Die Frage mit unseren Anteilen hatten wir noch nicht final mit den Investoren geklärt, als es zum Streit mit Raoul kam. Ich schickte eine Mail an die Mitgründer, dass wir die ganzen Anteile erhalten wollten, die uns bis August zustanden – auch wenn wir schon Ende März gehen würden. Raoul war zwar draußen, aber hielt noch Anteile und hatte natürlich ein Mitspracherecht. Ich schrieb ihm kurz. Von ihm kam ein kurzes: »Ja, okay.« In wenigen Tagen wollten wir diese Frage bei der Gesellschafterversammlung klären. Es war wichtig, dass wir vorher alle wichtigen Punkte geklärt hatten und mit einer Stimme auftraten. Das Treffen war für Mittwoch angesetzt. Am Sonntag trudelte eine Mail von Raoul in mein Postfach. Tenor: So ginge das nicht – er würde dem nicht zustimmen. Vor allem schien ihn ein Aspekt zu ärgern: »Ihr sollt mehr Anteile bekommen, als euch zustehen – warum habe ich die damals nicht auch bekommen?«

Zuerst überkam mich Wut, als ich die Mail las. Was mich ärgerte, war, dass er erst zugesagt hatte – und dann zwei Tage vor der Versammlung einen Rückzieher machte. Wollte Raoul es mir heimzahlen, dass ich ihn damals rausgeworfen hatte?

Ich musste das schnell klären, bevor es wieder ein Problem gab. Sofort schrieb ich zurück: »Lass uns treffen.«

Am Abend trafen wir uns in einem indischen Restaurant in Schöneberg. Ich war ziemlich angespannt, ich hatte wieder das Gefühl, etwas würde zwischen uns stehen. In meiner Vorstellung saß Raoul schon am Tisch, wenn ich reinkommen würde, und grinste mich an. Die Botschaft: Jetzt kommt meine Rache. Dieses Mal bin ich am längeren Hebel.

Doch so war es nicht. Wir kamen schnell auf das Thema. »Warum hast du erst gesagt, dass es passt, nur um dann zu sagen, es passt nicht?«, fragte ich. Er habe die Mails in der Woche nicht richtig gelesen und sein »Okay« war keine Zustimmung, sondern die Zusicherung, dass er es sich anschaut. Ihm gehe es um Gerechtigkeit: Warum sollte Michi und mir etwas zustehen, das er nicht bekommen hatte? Er war damals trotz unserer Intervention zu schlechten Konditionen aus dem Vertrag rausgegangen. »Du hättest dann jetzt 0,5 Prozent mehr«, sagte ich ihm. Zwei Stunden ging es zwischen uns hitzig hin und her. »Wir haben uns damals im Hintergrund dafür stark gemacht, dass du die Anteile bekommst«, sagte ich. Raoul horchte auf. Wir hatten ihm das nie erzählt, das war ihm schlicht nicht bewusst gewesen. Ich merkte, dass es in ihm arbeitete, dass wir ihn damals nicht im Stich gelassen hatten – auch wenn wir es nicht an die große Glocke gehängt hatten. Wir verließen das Restaurant, ohne eine klare Lösung gefunden zu haben.

Doch ich hatte ein gutes Gefühl, denn ihm war nun bewusst geworden, dass wir für ihn gekämpft hatten. Das war mir wichtig. Und wer würde bei seiner Revolte gewinnen? Am Ende immer die Investoren, und die hatten echt schon oft genug gewonnen. In diesen Tagen gab es gefühlt Hunderte kleine Konflikte, die ich alle irgendwie lösen musste – und nie war klar, wie sie genau ausgehen würden.

Am Mittwoch war dann die Versammlung. Die Investoren gaben uns noch die Hand, doch viel mehr war nicht drin. Zumindest bei den Anteilen, der Regelung, die wir vorgeschlagen hatten, gaben sie Ruhe. Raoul stimmte dem Deal zu. Zum ersten Mal hatte ich das Gefühl, dass wir gewonnen hatten – und nicht die andere Seite. Viel ist mir von der Versammlung nicht mehr in Erinnerung geblieben, nur ein Satz, den einer der Angel-Investoren uns mit auf dem Weg gab. Wir würden schon sehen, was wir davon hätten, sagte er uns in Gesicht.

Keiner aus der Runde erwiderte etwas. Wir konnten seine Äußerung nicht nachvollziehen, nachdem wir vier Jahre lang Aufbauarbeit in der härtesten Phase geleistet hatten. Und unsere Gesellschafter waren teilweise gestandene Unternehmer.

Jetzt aber hatte er sich erst einmal nicht durchgesetzt, und das ärgerte ihn gewaltig. Nach unserem Ausstieg würde er es uns irgendwie noch zeigen – das war seine klare Botschaft. Wir wussten noch nicht, welchen Weg er finden würde, um uns zu schaden. Aber was wir wussten: Es würde klappen. Er hatte immer noch mehr Karten in der Hand als wir. Ich versuchte, ihn zu besänftigen, und schrieb eine versöhnliche E-Mail. Eine Antwort erhielt ich nie. Wir mussten uns auf was gefasst machen. Und zwar früher als erwartet.

Nach der Versammlung beeilte ich mich, möglichst schnell meinen Abschied zu arrangieren. Als CEO wollte ich Tim helfen, ihm aber nicht im Weg stehen. Auf keinen Fall wollte ich ihm reinreden wie ein Ex-Chef, der nicht loslassen kann. Der immer wieder reinkommt und überprüft, was sein Nachfolger gerade macht. Ich wollte klar zeigen, dass Loslassen zu meinen Stärken gehört. Das wichtigste Zeichen musste sein: Ich vertraue Tim, dass er diesen Weg schafft. Und das dachte ich auch, es war nicht gelogen. Leicht fiel es mir trotzdem nicht, nicht mehr jeden Morgen in die alte Klavierfabrik am Görlitzer Park zu kommen.

Einen Abschiedstag gab es nicht. Ich half in den folgenden Monaten immer wieder, behielt lange einen Schlüssel, meine Mailadresse und den Laptop. Auch in dem Chatprogramm Slack war ich noch drin, ich las immer noch ab und zu, was die alten Kollegen so schrieben. Ich fühlte den Puls der Firma weiter, fühlte mich nicht als Außenstehender, sondern war einfach stolz auf das, was ich, was wir zusammen dort aufgebaut hatten. Und ich witterte neue Abenteuer.

SPRUNG INS NÄCHSTE ABENTEUER

Ich saß jeden Morgen kerzengerade im Bett, so euphorisch war ich lange nicht mehr gewesen. Wie damals, als ich mich im bayerischen Ort Zwiesel mit Raoul durch die Wälder treiben ließ, hatte ich wieder ein wunderbares großes Zukunftsprojekt vor Augen. Und ich konnte wählen, das war der Luxus. Auf der einen Seite war das Angebot meiner alten Uni sehr verlockend, die Gründungsabteilung zu leiten und gleichzeitig meinen Doktor zu machen. Mein alter Prof wollte mich um jeden Preis haben – das schmeichelte mir sehr. Und ich dachte an eine Zukunft an einem verrückten Ort wie der Uni, mit Studierenden, die mich inspirieren würden und denen ich mit meinen Gründungserfahrungen helfen konnte.

Für ein Vorstellungsgespräch war ich nach Friedrichshafen geflogen und musste mich dort der Unipräsidentin vorstellen. Damals stand noch nicht fest, wie schnell ich bei Stilnest rauskommen würde. Mein Prof meinte, dass das doch alles Probleme seien, die wir klären könnten. Wir verblieben im Ungewissen.

Auf dem Flug zurück nach Berlin grübelte ich lange, ob ich diesen Schritt gehen sollte. Mit meiner Freundin hatte ich bereits gesprochen und ein paar Details geklärt. Drei Tage müsste ich in Friedrichshafen sein, in einer kleinen Wohnung, die ich mir mieten würde. Es schreckte mich ab, dass wir wieder eine Fernbeziehung führen würden. Dieses Mal andersherum. Ich in Friedrichshafen und sie in Berlin, in der Anfangszeit von Stilnest war es ja umgekehrt gewesen. Dafür sprach, dass ich neben der Arbeit promovieren konnte – und noch einmal richtig tief in ein Thema einsteigen konnte. Das lag einfach so vor mir.

Wäre ich zehn Jahre älter gewesen, hätte ich keine Minute gezögert. Glaube ich zumindest. Damals aber war es einfach nicht der richtige Zeitpunkt. Ich wusste: Der Job würde mich sicher fordern. Doch eigentlich reizte es mich, wieder neu zu gründen. In einigen Jahren könnte ich den Job an der Uni ohnehin viel besser machen. Ich hätte noch viel mehr Fehler gemacht, aber auch neue Dinge erreicht – und könnte dies an die Studierenden weitergeben. Letztlich überzeugte mich der Job nicht wirklich. Nach Stilnest war das Kapitel »Unternehmertum« für mich noch nicht abgeschlossen. Das konnte es noch nicht gewesen sein. Ich merkte, wie es mir wieder in den Fingern kribbelte.

Denn auf der anderen Seite wartete eine sehr viel verlockendere Möglichkeit: die konkrete Aussicht auf eine neue Gründung. Mit einem Freund, den ich von der Uni kannte, hatte ich in den vergangenen Monaten immer wieder abgehangen. Max hatte eine Start-up-Episode in den USA gerade beendet und war wieder zurück in Berlin. Er suchte ebenfalls nach neuen Abenteuern. Ich hatte großen Respekt für ihn und seinen Mitgründer, sie hatten bei der Gründung viel richtig gemacht und alles versucht, aber das Timing war nicht richtig gewesen. Wir trafen uns oft abends, tranken Bier und sprachen über die Welt. Ich erzählte ihm viel aus der Stilnest-Zeit. Heulte mich aus, er hörte zu und gab Tipps. Und andersherum.

Ich hatte das Gefühl, ich unterhalte mich mit jemandem, der aus dem gleichen Holz wie ich geschnitzt ist, und das fühlte sich gut an. Wenn wir abends zusammen auf Veranstaltungen unterwegs waren, spürten andere diese Energie, wie sie mir später erzählten. Wir sprachen über mögliche neue Projekte, die wir vielleicht zusammen anstoßen könnten. Gleich zwei attraktive Möglichkeiten lagen vor mir.

Und wenn ich jetzt etwas anpackte, konnte ich es ganz anders angehen als bei Stilnest. Ich stellte mir das Ganze wie den Bau eines Hauses vor. Bei Stilnest hatten wir immer wieder kleine Fehler eingebaut, die sich nicht immer wieder beheben ließen. Während das Haus entstand, blieben die Probleme im Fundament bestehen. Wir fokussierten uns etwa zu sehr auf die technische Lösung und vergaßen, die potenziellen Kunden nach ihren Wünschen zu fragen.

Bei diesem Neuanfang war klar, dieses Mal mache ich einfach alles richtig. Die richtigen Geldgeber und keine mühselige Suche nach Kunden, sondern ausführliche Tests, um zu verstehen, was die Leute wirklich wollen. Wie nach dem Lehrbuch sollte es dieses Mal funktionieren. Ich hatte alle diese Erfahrungen und Fehler nicht umsonst gemacht, sondern konnte die Lehren direkt wieder anwenden. Das befeuerte meinen Willen, richtig durchzustarten.

Wir trafen uns bei Max oder bei mir im Wohnzimmer, klappten unsere Laptops auf und starteten. Heiko (Name geändert) war der Dritte im Bunde – ein langjähriger Freund von Max, mit dem er bereits das vorherige Start-up aufgebaut hatte. Es hatte wieder etwas Garagenatmosphäre, wenn wir morgens im Wohnzimmer loslegten oder uns in ein Café setzten und die Ideen durchspielten. Welches Geschäftsmodell konnten wir ausprobieren? Wohin sollte es gehen? Unsere Möglichkeiten waren unendlich, und die Welt stand uns offen.

Ich hatte ein Buch über die Google-Methode gelesen und brannte darauf, sie zu testen. Das Ganze nannte sich Sprint-Methode: In einer Woche baut man einen Prototyp und probiert ihn dann direkt aus, um zu schauen, ob er gut ankommt. Und vor allem um die wichtige Frage zu klären: Wollen die Kunden das? Diese Frage hatten wir bei Stilnest viel zu spät gestellt. Und dieser Fehler sollte uns nicht noch einmal passieren. Das Konzept ist, vereinfacht gesagt: Wer früh scheitert, ist eher erfolgreich.

Mir war klar, dass das Wissen aus meiner Gründung auch in das neue Geschäftsmodell miteinfließen sollte. Bei den Influencerinnen und Influencern hatte ich beobachtet, dass die Followerzah-

»Bei diesem Neuanfang war klar, dieses Mal mache ich einfach alles richtig.«

len nichts darüber aussagen, wie erfolgreich der Künstler oder die Künstlerin ist. Bei Stilnest kamen wir auf die Faustregel: Je mehr konkrete Kommentare und Diskussionen es unter einem Foto-Post gab, desto treuer waren die Fans. Wir hatten zeitweise versucht, das mithilfe von Technologie genau auszuwerten. Wie immer war es daran gescheitert, dass wir es neben dem Tagesgeschäft nicht schafften, ein so komplexes Analysesystem aufzubauen. Nun stellte ich mir die Frage: Wollen die Influencer nicht einen Ort haben, an dem sie selbst ihre ganzen Interaktionen und die Follower besser beobachten können – und mit dem sie tracken können, wie aktiv ihre Gefolgschaft ist? Haben sie erst einmal konkrete Zahlen, könnten sie auch ihren Werbekunden gegenüber sagen: »So aktiv sind meine Fans, und diese Themen bewegen sie gerade.« Wir nutzten die sogenannte Knotenanalyse – wie auch Google es am Anfang tat, um die Relevanz von Websites zu ermitteln. Vereinfacht gesagt, analysierten wir alle Verknüpfungen von Instagram, You-Tube und Facebook, die wir kriegen konnten. Aus diesem großen Bild ließen sich viele Schlüsse über die Influencer ziehen. In welchem sozialen Netzwerk sie zum Beispiel mit welchen Bildern und Geschichten punkten konnten.

Die Hypothese, die wir testen wollten, lautete: Sind Influencer daran interessiert, einen Service zu abonnieren, der für sie diese Zahlen analysiert? Man muss dazu sagen, dass das Thema Influencer-Marketing zeitgleich mit dem Erfolg von Stilnest massiv angewachsen war. Viele der großen Unternehmen interessierte es plötzlich, wie diese geheime Welt funktionierte. Hinzu kam: Das Start-up App Annie hatte bewiesen, dass so etwas funktionieren konnte. Als plötzlich Apps erfolgreich wurden und jeder den Erfolg der eigenen App messen wollte, startete das Unternehmen durch. Das brauchte es doch jetzt auch für Influencer! Wir waren in Goldgräberstimmung.

An meinem Küchentisch werkelten wir zusammen an einer Website. Es handelte sich nicht um ein ausgeklügeltes Angebot, sondern nur um einen Klick-Dummy: Zu sehen war nur die Oberfläche, und die Influencer sollten eine E-Mail erhalten, die sie glauben lassen würde, das Angebot sei schon fertig. Nur so konnten wir verlässlich messen, ob sie wirklich Interesse hatten, einen solchen Service zu nutzen. Nur so konnten wir ausschließen, dass sie nicht aus Gefälligkeit Interesse vortäuschten. In dem Moment, in dem sie auf den Button klicken, erscheint ein Hinweis, dass es den Service noch nicht gibt. Aber in Kürze könnten wir Abhilfe schaffen. Es handelt sich dabei um ein sogenanntes Mock-up.

Für diese Testseite suchten wir nach 200 Influencern, für die ein solcher Service interessant sein könnte. Ein weiteres großes Fragezeichen war, ob die Leute ihre Daten von Instagram oder YouTube für ein unbekanntes Start-up freischalten würden. Sobald sie auf den Button klickten, hätten wir zumindest einen Hinweis auf eine Tendenz. Aufgeregt verschickten wir die Mail an die potenziellen Kunden. Das Grundprinzip lautete auch: Wenn unser Produkt nicht ankommen sollte, würden wir es schnell wieder über Bord werfen und uns nicht dran festklammern. Zu sehr durften wir uns damit also nicht verbinden.

Gespannt saßen wir um unseren Bildschirm und warteten, ob die Leute die Mail öffnen und auf unser Angebot eingehen würden. Die Anzahl an Menschen, die eine Werbemail öffnen, ist extrem gering – und diejenigen, die auch noch auf ein Angebot klicken, ist logischerweise noch geringer. In der Branche sind 3 bis 4 Prozent üblich, die auf das Angebot in einer Werbemail anspringen. Schon nach ein paar Stunden merkten wir völlig überrascht, wie viele Influencer auf den Link klickten. Als wir uns am nächsten Morgen wieder um den Computer setzten, waren es 10 Prozent. Wir waren überwältigt, denn für uns war der Beweis erbracht, dass es eine Nachfrage für das Produkt gab. Euphorie kam auf. Bei einem Mittagessen mit einem Bekannten erklärten wir erstmals unser Konzept. Wir saßen bei einem Burger und Pommes auf Barhockern, als wir zum ersten Mal jemandem außerhalb der Gruppe die Idee erklärten. Es war ein nächster Schritt in Richtung Gründung.

Ich brannte wieder richtig – man spricht ja nicht umsonst von der Magie des Anfangs. Jeder Tag verlief anders, ich kannte keine Routinen mehr. Es gab noch keine To-do-Listen und nervigen Prozesse, auf die ich mich einstellen musste – das verstärkte mein Gefühl von Freiheit. Ich machte viel Sport, joggte um das Tempelhofer Feld, dachte die vielen Dinge und Probleme der Tage durch. Ich hatte die Kapazitäten, Dinge zu reflektieren. Das fühlte sich so gut an.

Auch sonst führten wir gleich zum Start wichtige Aufgaben ein – denn ein paar wenige Routinen hatten wir schon. Jede Woche setzten wir uns am Freitag hin und machten eine Retrospektive. Jeder sagte, was ihm gut gefallen hatte – und was ihn nervte. Wir sprachen mit Respekt miteinander und konnten zum Beispiel Sachen ansprechen wie: »Julian, du kommst öfter zu spät. Was ist der Grund dafür?« Dinge, die in vielen modernen Unternehmen üblich waren, konnten wir jetzt einführen, ausprobieren – niemand hinderte uns daran.

Abends saßen wir oft noch zusammen vor dem Fernseher und spielten auf der Playstation Fifa gegeneinander. Es fühlte sich an wie eine Mischung aus Studentenbude und Hauptquartier. Jeder im Team arbeitete so vor sich hin. Max sollte sich um die Produktentwicklung kümmern, Heiko um die Technik – und ich um die Werbekunden und das Marketing. Wieder würde ich mit den Geldgebern zu tun haben. Doch trotz des vielen Ärgers bei Stilnest reizte mich das extrem. Ich wollte sehen, dass ich aus den Fehlern gelernt hatte und es besser konnte.

Mit meinem Mentor Ludger trafen wir uns bei Starbucks am Potsdamer Platz und pitchten ihm unser Produkt. Er war mittlerweile schon länger nicht mehr bei Klingel beschäftigt, sondern hatte seine eigene kleine Beratungsfirma. Viel weiß ich nicht mehr von dem Gespräch, nur so viel: Ludger glaubte immer noch an mich. Er sah das Feuer in unseren Augen – und sagte uns 20 000 Euro zu. Mit weiteren Kontakten von mir und den beiden anderen hatten wir Zusagen in Höhe von 80 000 Euro zusammen, mit denen wir erst einmal starten konnten.

In all dem Glück gab es auch eine kritische Stimme. Meine Freundin warnte mich. Sie sagte, das werde eines Tages nach hinten losgehen, Max und ich würden nicht zusammenpassen. Ich reagierte harsch, war irritiert und fragte mich, warum sie meinem Mitgründer keine Chance geben wollte. Ich konnte das Gefühl nicht nachvollziehen, denn alles fühlte sich so leicht an. Selbst die Unternehmensbewertung war gut. Wir meldeten eine Gesellschaft in den USA an. Max und Heiko hatten zuletzt dort gegründet und kannten sich damit gut aus. Das Gesellschaftsrecht gab den Investoren dort nicht so viel Durchgriffsrechte wie in Deutschland, was ein weiterer Vorteil war. Ich war beseelt und fieberte mit voller Energie auf den Launch im Sommer hin.

Schon bald sollten wir uns auch Gehälter auszahlen, bislang mussten wir erst einmal darauf verzichten. Und ich musste mein Leben wieder auf ein Minimum runterschrauben. Nach dem ersten Investment entwickelten wir mit einer Agentur das Design, im Coworkingspace WeWork am Potsdamer Platz mieteten wir ein Büro. Jeden Morgen hatte ich den Blick über den Tiergarten, sah im Hintergrund den Bundestag und das Brandenburger Tor. Jeden Morgen konnten wir bei dem Ausblick guten Cappuccino trinken. Was brauchte es noch für das Glück?

Gleich mehrere Gründer berieten uns, mit ihnen konnten wir

alle Probleme besprechen und uns austauschen. Auch Tim, mein Stilnest-Mitgründer, war unter ihnen, mit Raoul und Michi sprach ich ebenfalls regelmäßig über mein neues Start-up. Wieder entfaltete sich dieses Gefühl der Anziehungskraft: Es lief gut, und jeder war interessiert zu erfahren, was wir als Nächstes vorhatten bei unserem Abenteuer, ein Influencer-Start-up hochzuziehen.

Wir hatten die Möglichkeit, als Teil eines Werbezweiges aufzusteigen. Wie beim großen Goldrausch verdienten vor allem die Unternehmen, die Schaufel, Pickel und Siebe verkauften. Und genauso würden wir huckepack mit einer ganzen Industrie nach oben steigen. In manchen ruhigen Momenten fragte ich mich: »Irgendwo muss es doch einen Haken geben?« Gerade die Startphase bei Stilnest war ja unendlich holprig gewesen, wir hatten uns das Geschäftsmodell hart erarbeitet und uns mehrfach gehäutet, um jeden Euro der Investoren gekämpft. Und jetzt gab es gute Resonanz von unseren potenziellen Kunden, und die Investoren glaubten an uns, ohne mit uns über einen Knebelvertrag zu verhandeln und jede Klausel zu hinterfragen. Doch auch nach langem Grübeln fand ich einfach keinen Haken.

Ich hätte dennoch wissen müssen: Es war einfach zu perfekt.

DIE ABGEWÜRGTE RAKETE

Ich habe in dieser Geschichte bislang ungeschönt über alles gesprochen, was passiert ist. Manche Namen habe ich verändert, weil es meine persönliche Perspektive auf die Dinge ist – und die Menschen mit gutem Recht sicherlich eine ganz andere Story erzählen könnten. Auch wenn ich sie dazu kontaktiert habe, bleibt diese Erzählung eine subjektive, es ist meine Sicht der Dinge. Sie soll fühlbar machen, was ich als Gründer erlebt habe. Mit fast allen Geschichten konnte ich über die Zeit abschließen. Ich blicke auf sie, ein bisschen Ärger kommt hier und da hoch, wenn ich mich zurück in die Zeit begebe, über sie spreche und reflektiere, doch alles in allem habe ich einen Haken dahinter gesetzt. Ich bin mit mir im Reinen: Es ist so passiert, ich habe nicht immer richtig gehandelt und auch die anderen Beteiligten (die Investoren) haben sich nicht immer mit Ruhm bekleckert, aber es ist trotzdem ein wichtiger Teil meiner Geschichte. Wenn ich eines Tages auf dem Sofa eines Psychologen oder einer Psychologin liege, werde ich diese Geschichten nicht hervorholen müssen. Ich habe sie verarbeitet.

Anders ist es mit der Geschichte, wie es mit meinem neuen Start-up wieder zu Ende ging. Ich würde gerne sagen, dass ich – großmütig wie ich bin – alles schnell verziehen habe, was damals passiert ist. Aber das stimmt nicht ganz. Ich möchte die Geschichte aus diesem Grund hier nicht komplett ausführen. Es ist wichtig, einen Teil zu erzählen, denn auch diese Erfahrung hat mich geprägt. Aber wir haben damals vereinbart, dass wir uns weiterhin wertschätzend begegnen, auch wenn das sicherlich für niemanden eine leichte Zeit war – und daran will ich mich halten.

Ich will zumindest grob erzählen, was passiert ist, denn ich glaube, dass man daraus lernen kann. Los ging es damit, dass einer der Jungs sagte, er könne nicht mehr mit mir arbeiten. Ich war wie vom Blitz getroffen, denn ich hatte die vergangenen Wochen ganz anders erlebt. Ich war völlig vom Start-up absorbiert. Es fiel mir schwer zu verstehen, wie einer meiner Mitgründer genau das so anders wahrnehmen konnte. Wir waren aus meiner Sicht auf dem Weg, eines der angesagtesten Start-ups in Berlin aufzubauen – mit einer echten Kundennachfrage und den richtigen Investoren, die unsere Arbeit schätzten.

Wir versuchten, den Knoten mithilfe von Ludgers Mediation zu entzerren. Eine Woche intensiver und ehrlicher Austausch stand uns bevor, jeden Tag ein paar Stunden. Dabei lernte ich: Ein Problem war offenbar, dass ich es gewöhnt war, zu führen. Damit hatte ich meine Mitgründer kräftig vor den Kopf gestoßen. Beide kannten sich noch aus dem Kindergarten und waren sehr vertraut miteinander. Jetzt flogen mir die Konsequenzen um die Ohren.

Ich wälzte mich in dieser Woche Nacht für Nacht schlaflos im Bett herum und fragte Freunde, ob sie mich auch so wie meine Mitgründer wahrnahmen. So tief musste ich noch nie mein eigenes Verhalten hinterfragen. Mögliche Szenarien waren: Ich würde schon bald das Start-up allein führen und neue Mitstreiter an Bord holen. Die grundsätzliche Idee hatte ich schließlich eingebracht – und einen wichtigen Teil der Geldgeber, die uns das erste Geld anvertraut hatten. Die andere Möglichkeit lautete: Ich würde unser Vorhaben wieder verlassen. Noch hatte mein Geist gar nicht realisiert, wie weitreichend der Ausgang dieser Diskussionen sein könnte. Zuerst waren wir im Problemlösungsmodus, aber nach und nach mussten wir erschöpft feststellen: Es passte nicht.

Nach einigen weiteren nervenaufreibenden Tagen entschieden wir gemeinsam, dass unser Weg zu Ende war. Ich würde das Start-up verlassen, die anderen beiden würden es weiterführen. Die Trennung war tatsächlich einvernehmlich, denn zusammen konnten wir nicht weitermachen und keiner wollte dem anderen Steine in den Weg legen. Damit konnte ich leben.

Eines Tages im Sommer trat ich aus dem WeWork heraus und war plötzlich wieder ohne Start-up. Ich kniff mich in den Arm, denn noch konnte ich es nicht fassen. Seit dieser Zeit kann ich nachvollziehen, was Asterix und Obelix meinen, wenn sie sich davor fürchten, dass ihnen der Himmel auf den Kopf fällt. Denn parallel wartete auch bei Stilnest ein Konflikt. In was war ich da nur hineingeraten?

DER STREIT

Als ich in der S-Bahn saß, merkte ich, wie meine Hände zitterten. Die Wut packte mich – und ließ mich nicht mehr los. Was war gerade in der letzten Stunde passiert?

Wir hatten uns mit den Investoren getroffen, es ging um eine neue Finanzierungsrunde. Eigentlich hatte ich gehofft, dass Stilnest bald profitabel arbeiten würde und erste Gewinne einfahren könnte – doch stattdessen wartete das Unternehmen weiter auf den nächsten Hit. Meine Angst war, dass unsere Geldgeber die Situation ausnutzen würden, sobald Stilnest vor ihrer Tür stehen und nach Geld fragen würde. Die Investoren würden die Faust, die sie in der Tasche schon geballt hatten, einfach rausholen. Das würde uns noch leidtun, hallte es in meinem Kopf nach. Doch Tim hatte mir versichert, dazu werde es nicht kommen – das würde er nicht akzeptieren. Ich wollte auch nicht eingreifen, schließlich stand ich an der Seitenlinie.

Mit einer dunklen Vorahnung war ich zum Treffen in den Räumen der Investitionsbank Berlin gefahren. Tim leitete zum ersten Mal das Meeting. Schon nach kurzer Zeit kamen die Investoren an die Reihe und erklärten, sie würden investieren, aber nur zu einer – aus meiner Sicht – lachhaften Bewertung, außerdem sollte Tim noch weitere Anteile erhalten. Mir fiel alles aus dem Gesicht. Ich fühlte mich, als hätte uns jemand um den Firmenerfolg gebracht, es fühlte sich an, als würden sie unsere harte Arbeit und Mühe nicht wertschätzen – und uns stattdessen rausdrängen. Ich war wütend auf die Investoren und auf Tim. Mit ihm hatte ich noch vor wenigen Tagen in unserem Lieblingsrestaurant gesessen und ihn gefragt, ob die Investoren schon etwas gesagt hätten. Er hatte verneint. Mein Gefühl war zu jenem Zeitpunkt, es handele sich um eine Verschwörung gegen uns alte Mitgründer.

Die vorgeschlagene Unternehmensbewertung war aus meiner Sicht frech, wir hatten das Geschäftsjahr mit einem guten Ergebnis geschlossen – das Unternehmen dann so zu bewerten, war völlig unüblich. Zusätzlich würde der Deal unsere eigenen Anteile komplett verwässern. Aber Tim hätte einen Anreiz, sich noch mehr reinzuhängen. Die Investoren sprachen davon, jetzt den Cap Table aufräumen zu wollen. Im Klartext hieß das: Sie wollten uns wirklich rausdrängen. Ich fragte Tim, ob er das gewusst habe. Er druckste herum.

Michi packte die gleiche Wut. Die geringe Bewertung und die Anteile für Tim – das klang nach einem abgekarteten Spiel. Denn Tim würde ja neue Anteile erhalten und seine lästigen Mitgründer von früher waren raus, so negativ sahen wir das damals. Ich war mir nicht sicher, ob sich Tim bewusst auf diesen Deal eingelassen hatte. Vor allem eine große Frage blieb: War ihm nicht klar, wie sich dieser Deal für uns anfühlte?

Nach etwa einer Stunde hatte ich das Meeting verlassen, um zum Flughafen zu hetzen, dort sollte ich in den Flieger nach Venedig steigen zur Hochzeit von Maries Schwester.

Ich konnte nicht einfach damit abschließen. Marie traf mich am Flughafen in Venedig und fragte mich nur: »Was ist denn mit dir los?« Sie spürte, dass ich außer mir war. Im Nachhinein denke ich, wenn ich 70 oder 80 Jahre alt gewesen wäre, hätte ich wahrscheinlich in diesem Moment einen Herzinfarkt bekommen. So würde es jedenfalls meiner Vorstellung nach in einem Film ablaufen.

Am Abend sahen Marie und ich die Oper *La Traviata*. Es war das Paradies, aber ich war in Gedanken noch bei Stilnest. Irgendwann schlief ich in der Oper ein. Ausgerechnet an diesem besonderen Wochenende für Marie und ihre Schwester war ich so durch, dass mein Körper dicht machte. Ich war einfach fertig.

In dieser Nacht rollte ich mich dennoch schlaflos von einer

Seite auf die andere. Wir hatten schon einen Anwalt kontaktiert, der prüfen sollte, inwiefern wir diese Runde anfechten konnten. In der Hitze des Gefechts überlegten wir sogar, uns an die Berliner Politik zu wenden, um Druck auszuüben. So sah ein gründerfreundliches Verhalten aus unserer Sicht nicht aus, wir hatten uns schließlich über Jahre den Arsch aufgerissen. Ich war bereit, den Kampf zu suchen. Wie würde ich Tim wieder entgegentreten? Was würde ich sagen? Ich spielte alle wütenden Szenarien durch.

Im Nachhinein sehe ich das Handeln der IBB-Beteiligungsgesellschaft etwas anders, denn der staatliche Investor hatte uns signalisiert, dass er nicht glücklich mit dem Deal war. Alleine konnten die Investmentmanager aber nichts ausrichten. Ich habe nie vergessen, dass es Stilnest ohne die Förderbank wahrscheinlich nicht mehr geben würde – sie hatten uns eine Chance gegeben. Und der Chef, Herr Bendisch, hatte uns immer mit Respekt behandelt. Wir nannten ihn manchmal liebevoll: »Papa Bendisch.«

Beim Frühstück in Italien war ich völlig übermüdet und musste mich zwingen, endlich diese schöne Stadt und diesen Tag zu genießen. Ich dachte irgendwann nur noch: »Fuck, dann zerbricht halt meine Welt, aber bis dahin genieße ich jetzt erstmal das Essen in Venedig.« Wie in einem Film zog die Hochzeit an mir vorbei, auf den Bildern, die ich noch mental abgespeichert habe, war alles nur weiß und hell. Mit jedem Moment, dem ich mich wieder Berlin näherte, kam auch die harte Realität wieder zurück. Ich musste irgendwie damit umgehen. Denn ich hatte nach Stilnest einen klassischen Fehlstart hingelegt, und die Anteile des Unternehmens, das wir gegründet und fünf Jahre mühsam aufgebaut hatten, waren bald wertlos. Vor so einem großen Scherbenhaufen hatte ich noch nie gestanden. Meine beiden Herzensprojekte, für die ich mich aufgeopfert hatte, übernahmen nun andere.

Zwei Tage später trafen wir uns im Büro von Stilnest. Ich hatte

»*Meine beiden Herzensprojekte, für die ich mich aufgeopfert hatte, übernahmen nun andere.*«

mich wieder etwas beruhigt, die Wut war endlich meinem Körper entwichen. Und ich beförderte mich wieder in den Problemlösungsmodus, etwas anderes blieb mir nicht übrig. Tim verteidigte sich, sagte, die Investoren hätten ihn gebeten, uns nichts zu sagen. Seine Perspektive ist heute natürlich eine andere als meine: Tim pocht darauf, dass er über die Jahre die Kosten reduziert habe und dass Stilnest bei unserem Ausstieg hohe Verluste geschrieben habe. Es war aus seiner Sicht und der der Investoren sein Verdienst, die Firma für die Zukunft richtig aufgestellt zu haben.

Sein Verdienst kann ich heute klar erkennen. Aber wie Peter Thiel schon in seinem Buch *Zero to One* schreibt, ist Gründung eben die Herkulesaufgabe, aus dem Nichts etwas zu erschaffen. Fünf Jahre haben wir gebraucht, um aus der Null, dem Nichts, die Eins zu machen. Beide Phasen des Unternehmensaufbaus bedürfen eben sehr unterschiedlicher Fähigkeiten.

Wir schafften es damals, die Bewertung hochzuhandeln. Und kurz vor dem Notartermin hatte ich noch ein Ass im Ärmel. Wir meldeten an, dass wir in der Runde mit investieren wollten. Jeder Beteiligte hat stets das Recht, den gleichen Anteil zu investieren, den er bereits gegeben hat. Und das taten wir.

Niemand wusste, woher wir plötzlich 25 000 Euro bekommen hatten. Ehrlich gesagt hatten wir den Betrag nur mit großer Not zusammengekratzt, bei Freunden und Bekannten. Der Effekt: Wir als Gründer würden noch 25 Prozent halten – und konnten auf diese Weise alle wichtigen Entscheidungen blockieren. Die anderen Geldgeber reagierten verschnupft: Warum uns das erst jetzt einfalle, fragten sie uns. Jetzt war es an uns freundlich, aber hart zu reagieren. Es war unser Recht zu investieren – und das machten wir. Dagegen konnten sie nicht vorgehen.

Nach dem Notartermin ging jeder seiner Wege. Normalerweise

gab es ja ein festliches Essen für alle, ein Closing-Dinner. Doch darauf war allen die Lust gerade vergangen. Niemand wollte jetzt feiern. Wir Gründer gingen auch kein Bierchen trinken, die letzte Finanzierung hatte einen Keil zwischen uns getrieben. Im Moment hatten wir genug voneinander. Etwas Abstand würde uns guttun.

Ich wachte am nächsten Morgen auf und fühlte mich leer. Ich hatte keine Aufgabe mehr. Keine Mails warteten auf mich. Es wurde nicht erwartet, dass ich irgendwo auftauchte. So eine Situation hatte ich noch nie erlebt. Schon vor meinem Abitur hatte ich mich bei der Deutschen Bank beworben. Bei dem dualen Studium pendelte ich die ganze Zeit hin und her – alle drei Monate nach Mannheim zur Uni und dann wieder nach Frankfurt, um bei der Bank zu arbeiten. Der Urlaub ging größtenteils für Hausarbeiten drauf. Dann der Master, die Arbeit am Lehrstuhl nebenbei, parallel Stilnest aufbauen. Es gab keinen Moment, in dem ich nichts tat. Was sollte ich mit mir anfangen? Einige Tage hing ich in der Wohnung rum. Ich war ohne große Gedanken rastlos von der einen Gründung in die andere gesprungen – verliebt und verblendet. Nun stand ich ohne alles da.

Was macht jemand, der nie gelernt hat, Freizeit zu haben? Ich fing an, Sport zu treiben. Ich brauchte Struktur für meinen Tag. Jeden Morgen fuhr ich ins Prinzenbad, um zu schwimmen, stoisch, Bahn für Bahn. Ich musste den alten Ballast aus dem Körper bekommen. So fühlte es sich jedenfalls an.

Es klappte. Nach ein paar Tagen war der Schwimmrhythmus drin. Ich hatte mich selbst überlistet und konnte die neue Freiheit plötzlich genießen. An manchen Tagen stand ich morgens eine halbe Stunde mit einem Kaffee am Fenster und hatte plötzlich einen ganz anderen Blick für die kleinen Dinge. Mir fiel auf, wie groß der Baum vor unserem Fenster eigentlich geworden war. Ich unterhielt mich länger mit dem Obsthändler bei uns um die Ecke, den ich sonst gar nicht richtig wahrgenommen hatte. Er spürte, dass ich nicht mehr durchs Leben hetzte, sondern dass ich mir plötzliche Zeit nahm. Ich entdeckte meine Nachbarn, traf sie auf einen Kaffee, freundete mich mit den Kellnerinnen und Kellnern der Bar bei uns im Haus an. Zufriedenheit machte sich breit. Und das ganze ohne neue Aufgabe.

Das war eine bewusste Entscheidung. Ich wollte mich nicht gleich wieder in ein neues Abenteuer stürzen. Nein, ich würde mir dieses Mal Zeit lassen. Drei Monate hatte ich mir selbst verordnet. So lange nur gucken – und nicht festlegen. Abwägen, diskutieren – dann würde schon etwas Gutes dabei herauskommen. Ich grinste innerlich. Ging in die neue Bibliothek und verkroch mich in Bücher, um herauszubekommen, was in der Zwischenzeit so passiert war, welche Technologien sich entwickelt hatten. Ich klickte mich durch das Wikipedia-Labyrinth, und wenn ich mehr wissen wollte, holte ich mir ein Buch oder suchte mir ein Meetup abends zum Thema. Nach festen Jobs suchte ich nicht direkt. Aber wäre etwas gekommen, ich hätte zumindest länger drüber nachgedacht.

Nach einem Monat fuhr ich zusammen mit Marie in den Urlaub. Ich verschlang weiterhin Bücher, die meiste Zeit lagen wir am Strand, das Leben zog an mir vorbei, meine Körperspannung kam zurück. Langsam fieberte ich doch wieder auf ein neues Abenteuer hin. Ich spürte die Aufregung – und es war klar: Ich war bereit, es wieder zu versuchen. Das Kribbeln war wieder da.

WARUM TUE ICH MIR DAS AN?

Nach so mancher 70-Stunden-Woche fragte ich mich, ob das, was ich machte, das Richtige sei. Meine Freundin Marie stellte mir diese Frage auch öfter, denn sie bekam mit, wie sehr ich mich abrackerte – und dann doch oft wieder praktisch vor dem Nichts stand. Trotz der Zweifel, die sich in manchen Nächten in meinen Kopf schlichen, wenn ich mich unruhig von links nach rechts wälzte, war mir eigentlich immer klar, welchen Weg ich gehen möchte: Unternehmer zu sein, war meine Berufung.

Dabei hatte ich sehr lange einen anderen Weg für mich vorgezeichnet gesehen: den des Bankers. Mit neun Jahren hatte ich irgendwie Aktienkurse entdeckt. Ich entwischte eines Tages von zu Hause, und mein Vater bekam irgendwann einen Anruf von der Sparkasse Dortmund. Ich stand dort im Vorzimmer und wollte mich nicht davon abbringen lassen, ein Depot zu eröffnen, um künftig auch zu handeln. Eine Strategie hatte ich auch gleich in der Tasche, ich beobachtete genau die Werte der billigen Aktien. Meine Logik als Neunjähriger war: Von denen kann ich mir von dem wenigen Geld, das ich besaß, mehr kaufen. Mein Vater, der kein Banker war, musste mich wieder abholen.

Diese Faszination hat mich nicht mehr losgelassen. Und so kam es, dass ich bei der Deutschen Bank meine Ausbildung machte. Doch die erfüllte mich nie richtig. In der Filiale am Frankfurter Flughafen musste ich gleich am zweiten Tag eine alte Frau davon abbringen, ihre 200 000 Euro Ersparnisse auf einen Schlag abzuheben. Denn einige Tage zuvor war die Investmentbank Lehman Brothers pleite gegangen, und die alte Dame war zu Recht etwas nervös. Die Ausbildung am Anfang erdete mich und machte mir mehr Spaß, als ich mir vorgestellt hatte. Aber eigentlich sehnte ich mich nach dem Traderfloor, auf dem die ganzen schlauen Köpfe zu dieser Zeit saßen. Im Investment-Banking wollte ich mich beweisen.

Doch zuerst musste ich durch die harte Schule einer Bankfiliale gehen. Mein Auftrag: Ich sollte 100 Kunden abtelefonieren, um mit ihnen einen Beratungstermin zu vereinbaren. Um die Moral hochzuhalten, veranstaltete die Filiale unter den Kollegen einen Wettkampf, wer es schaffte, die meisten zu einem Termin zu überzeugen. Denn es handelte sich nicht um treue Kunden – sie hatten ihre EC-Karte teilweise seit fünf Jahren nicht mehr verwendet. Ich sah mich immer als recht introvertiert, aber ich beschloss, es trotzdem zu versuchen – mit meiner ganzen Kraft. Und es gelang mir. Beim zweiten Telefonmarathon überzeugte ich mehr von diesen Kunden, zu uns in die Filiale zu kommen, als meine Chefin.

Später ging es dann zu der Abteilung Unternehmensfinanzierung. Da brauchten dann zum Beispiel mittelständische Firmen spezielle Bürgschaften, weil sie etwa ein gepanzertes Fahrzeug in den Kongo ausliefern mussten. Auch mit dem Gründer eines bekannten Start-ups hatte ich damals schon zu tun und trat ihm gegenüber als ein Vertreter der Bank auf, obwohl ich nur ein Trainee war. Jahre später trafen wir uns wieder bei einem Start-up-Investor, der sowohl bei ihm als auch bei mir investiert war. Sein Unternehmen war damals schon sehr bekannt – und ich hatte die Bankkarriere hinter mir gelassen. Ich fand ihn früher ziemlich cool. Er hatte die Traumkarriere, die ich mir wünschte. Ich hätte es wahrscheinlich nicht geglaubt, wenn mir jemand erzählt hätte, dass ich in wenigen Jahren selbst Unternehmer sein würde und wir den gleichen Investor hätten.

Was ich damals bei der Deutschen Bank nicht wusste: Noch tiefer als das Banker-Gen steckte das Gründer-Gen in mir. Im Nachhinein lässt sich das natürlich immer leicht sagen. Etwas romantisierend schauen die Leute auf ihre Kindheit zurück und deuten etwas hinein, was es nicht gab. Doch ich bin überzeugt: Bei mir war es wirklich so.

Auch dafür gab es Erlebnisse in meiner Kindheit und Jugend: Nach dem Umzug meiner Eltern von Dortmund nach Paderborn fand ich lange in der Schule keine richtigen Freunde. Ich hatte schon welche, aber Fußball interessierte mich wenig und andere Gesprächsthemen gab es selten. Stattdessen saß ich zu Hause und programmierte notdürftig die ersten Websites. Mike, der Bruder von Raoul, hatte mir die Programmiersprache HTML beigebracht. Ich legte los, erstellte eine Website für meinen Vater und die Nachbarn. Die ersten 50 Euro, die ich damit verdiente, fühlten sich wunderbar an. Später kamen dann noch die weiteren Programmiersprachen CSS, PHP und ein wenig SQL dazu. Ein wenig stolz bin ich heute noch, auch wenn mich unsere Programmierer immer erbarmungslos damit aufziehen. Oft mussten mich meine Eltern zwingen, in dieser Zeit zu Freunden zu gehen, so sehr hatte ich mich in meine Projekte vertieft. Die vielen Gespräche auf dem Schulhof erschienen mir einfach nutzlos, wenn ich doch zeitgleich auch in Internetforen über verschiedene Code-Schnipsel hätte diskutieren können. Zum versierten Programmierer brachte ich es nie. Irgendwann gewann die Faszination für Geschäftsmodelle.

Zusammen mit meinem Freund Markus suchte ich – mittlerweile war ich etwa 16 Jahre alt – jede freie Minute nach Geschäftsmodellen. Wir kauften zum Beispiel ein Paket an Gitarren ein, weil wir die auch selbst gerne spielten und ihre Qualität beurteilen konnten. Zu einem höheren Preis verkauften wir sie bei Ebay weiter – ein paar Euro blieben bei dem Geschäft bei uns hängen. Markenbob wollten wir den Gitarrenhandel nennen. Wir fühlten uns freier als unsere Mitschüler, die lieber ihre Zeit auf Schützenfesten verbrachten.

Unsere Verachtung für derlei Zeitvertreib brachte uns auf die nächste Idee: Warum daraus nicht Profit schlagen? Warum sollten wir nicht einfach Bier auf Volksfesten ausschenken? Mit einem Bierrucksack auf den Rücken gepackt. Diese frühe Start-up-Idee löste nämlich unser eigenes Problem: Auf den Festen gab es nur überteuertes Bier – und wir mussten lange in der Schlange stehen. Wir fanden die Idee clever. Wie auch immer die Behörde heißt, die für das lokale Volksfest Libori die Ausschanklizenzen verteilt: Wir hätten den Wisch nie im Leben erhalten, denn die Anforderungen waren hoch.

Später in meinem dualen Studium bei der Deutschen Bank schrieb ich meine Bachelorarbeit über das Geschäftsmodell und den Markt von Kindergärten. Der Prof an der Hochschule hatte es zugelassen, obwohl es so gar nichts mit dem zu tun hatte, was sich mit dem BWL-Studium mit Schwerpunkt Bank so anbot. Zu dem Zeitpunkt war ich schon ziemlich desillusioniert, was den Wert der Bank für die Gesellschaft anging. Anshu Jain hatte gerade die Deutsche Bank übernommen und eine Verkaufsbude für teilweise fragwürdige Finanzprodukte daraus gemacht. In meiner Zeit war die Bank in einen internationalen Skandal verwickelt.

Gleichzeitig waren zu der Zeit fehlende Kindergartenplätze ein riesiges Thema, und sie wurden bis heute noch nicht geschaffen. Ich dachte mir, wie kann es sein, dass sich sehr gut bezahlte, hoch qualifizierte Leute für die Bank finden lassen, aber keine, die mal im großen Stil Kindergärten bauen? Das war ein riesiger Markt, es gab einen unglaublich großen Bedarf. Meine Mutter leitete einen Kindergarten, deswegen wusste ich das aus erster Hand.

Für die Studienarbeit hatte ich mich in alle Kindergartenthemen wie Förderung und Marktbegebenheiten reingefuchst. Viele der Einrichtungen sind in der Hand der Kirche, aber trotzdem vom Staat so stark finanziert, dass eigentlich ein hoher Überschuss übrigbleiben müsste. Ich wollte beweisen, dass dieser Bereich Neuerungen braucht, und hatte vor, ein Franchise-System zu konzipieren.

Mit meinen 20 Jahren war ich von dem Projekt felsenfest überzeugt. Und ich war mir sicher, es umsetzen zu können. Was als theoretische Arbeit begann, entwickelte sich schnell zum Gründungsvorhaben, und so fand sich meine Mutter mit mir beim Jugendamt wieder: Wir wollten gemeinsam eine Zulassung beantragen. Sie mit ihrer praktischen Erfahrung aus dem Kindergarten und ich mit meiner theoretischen Expertise aus dem Studium. Mehrere Tage später bekam meine Mutter eine E-Mail. Für das Amt war das Projekt sehr ungewöhnlich und entsprechend kritisch die Nachfragen. Von ein bisschen Gegenwind wollte ich mich in diesem verkrusteten Markt nicht abhalten lassen, aber meiner Mutter war es zu heikel geworden. Ich glaube heute auch, als Familienunternehmen wären wir nicht weit gekommen. Schweren Herzens beerdigte ich das Projekt wieder.

Den wichtigsten Grundstein für meine Unternehmerbegeisterung hatten meine Gasteltern in Alaska gelegt. Ich verbrachte dort ein Jahr bei einem Schüleraustausch. Nur auf Schule hatte ich so gar keine Lust. Die Monotonie nervte mich, ich musste raus. Mein Gastvater reagierte anders als erwartet auf meine trotzige Ankündigung. Kein Schimpfen, dafür eine Ansage: »Du kannst mit mir auf Tour kommen, aber dann musst du arbeiten.« Curt repariert Geldautomaten, das ist sein Geschäft, eine Ein-Mann-Firma.

Gleich morgens luden wir eine Maschine zum Geldzählen auf seinen Pickup-Truck und fuhren los. Im Radio lief Country-Musik, die sich mit Alternative-Rock abwechselte. Moody Blues ist Curts Lieblingsband. Nach einer halben Stunde Fahrt kamen wir in Anchorage an und gingen in eine Bank. Ich war aufgeregt, zum ersten Mal eine Bank nicht nur als Kunde von innen zu sehen. Er stellte mich den Bankangestellten vor, sie schauten belustigt zu mir rüber, dem 16-jährigen Deutschen. Ich erhielt ein Namensschild, die nächste Stufe in der Bankenwelt. Ich dachte mir: ›Hauptsache nicht auffallen.‹

Curt zeigte mir, wie ich die Geldzählmaschinen auseinanderbauen konnte, um sie zu säubern. Fünf Handgriffe, dann lag alles in seinen Einzelteilen vor mir, und ich begann, die Sensoren mit einem Ethanoltuch zu säubern. Alles ganz langsam, bloß keinen Fehler machen. Für jedes Gerät brauchte ich eine Stunde, mein Gastvater kümmerte sich währenddessen um die schwierigen Fälle. Es fühlte sich gut an, dass ich ihm Arbeit abnehmen konnte.

Mittags fuhren wir kurz zurück nach Hause, um dann zum nächsten Trip aufzubrechen. Fünf Stunden lagen zwischen dem Heimatort und unserem Ziel, die Straße war unbefestigt, und ich wippte bei jedem Schlagloch hoch und runter. Alle zehn Minuten brach ich die Stille zwischen uns – und fragte ihn aus. Zu seinem Studium. Zu seinem Geschäft. Woher kommen die Ersatzteile? Wie funktioniert das alles? Wie viel verdienst du?

Nach unserem zweiten Einsatz schleppte er mich abends nach der Arbeit noch zu einer Show mit Skulpturen aus Eis. Ein Tiefseefisch und die Figuren aus dem Film *Ice Age*. Ich war erschöpft, aber glücklich. Am nächsten Morgen fuhren wir zurück.

Es war ein Tag, an dem auf den ersten Blick nichts Besonderes passiert war. Meine Schilderungen könnten aus einer Mail an meine Eltern stammen. Betreff: Ein 16-Jähriger lernt die Welt kennen. Trotzdem hat dieser Arbeitstag mit meinem Gastvater Curt viel in mir ausgelöst. In den Wochen danach ist mir das klargeworden.

Bislang kannte ich nur, dass mein Vater morgens zur Arbeit ging und abends wieder nach Hause kam, außer wenn er Urlaub hatte. Ein altbekannter Rhythmus, der niemals durchbrochen wurde.

Curt war im Gegensatz dazu in meinen naiven Augen komplett

frei. Er arbeitete, wenn etwas anfiel. Er war oft unterwegs – ein umgänglicher, freundlicher Typ, der seinen Laden mit unzähligen Waschbär-Kuscheltieren ausgeschmückt hatte, weil es ihm niemand verbieten konnte. Seine Kunden – vor allem die Banken – respektieren ihn sehr. Er ist der einzige Reparateur von Bankausrüstung in Alaska und verdient mit seinem Job noch heute gutes Geld.

Bis heute ist mein Gastvater für mich ein großes Vorbild. Auch wenn ich gesehen habe, welche Probleme eine Selbstständigkeit mit sich bringen kann. Als es ihm vor ein paar Jahren schlecht ging, musste die Familie direkt mitleiden, denn das Geld blieb aus, solange er nicht arbeiten konnte. Es stellte sich sogar die Frage, ob sie das Geschäft überhaupt noch weiterführen könnten. Mittlerweile geht es ihm besser – und er tourt wieder durch die Lande. In meiner Erinnerung ist er der hart arbeitende und zufriedene Geschäftsmann, der ich hoffentlich heute auch bin.

UND HEUTE?

Ich hatte abgeschlossen, mit dem Ende meines neuen Start-ups und dem Streit bei Stilnest. Wieder saß ich vor einer weißen Leinwand, bereit dazu, ein neues Bild anzufangen. ›Nur nicht zu schnell festlegen, nur nicht verrennen‹, schoss es mir durch den Kopf.

Und es klappte schnell, die ersten Ideen formten sich. Eine davon war eine Therapie-App. Ich fand die Vorstellung gut, ein Start-up aufzubauen, das einen großen positiven Effekt für die Gesellschaft haben würde. Gleichzeitig ist der Gesundheitsmarkt einer der schwierigsten Bereiche der Wirtschaftswelt. An dieser Aufgabe haben sich schon einige Jungunternehmen mit Millionen-Finanzierung die Zähne ausgebissen und sind in die Insolvenz geschlittert. Der Bedarf ist da, doch die Umsetzung wird wahnsinnig schwierig.

Während meine Idee einer Coaching-App vor sich hin reifte, entstand fast unbemerkt nebenbei eine weitere Idee: Ich hatte angefangen, befreundete Start-ups und Business Angels miteinander zu vernetzen. Weil ich Zeit hatte, half ich ein wenig bei Finanzierungsfragen. Es war verrückt: Bei Stilnest hatten mich die Investoren in den Wahnsinn getrieben, doch ich kam von dem Thema nicht weg. Vielleicht war ein Grund dafür, dass ich es besser machen wollte als meine Investoren, aber auch, weil ich merkte, dass einige talentierte Unternehmer ohne Investoren nicht loslegen können und vielversprechende Geschäftsmodelle nicht umgesetzt werden.

Und das gehört auch zur Wahrheit: So sehr ich mich über unsere Investoren aufregte, so klar war mir, dass sie mir ermöglicht hatten, mit 22 Jahren Unternehmer zu werden. Sie hatten mir Millionen anvertraut. Geld, mit dem sie auch einfach eine Luxuswohnung in Berlin hätten kaufen können. Es ist wichtig, dass es eine Institution wie die Investitionsbank Berlin und ihren VC-Fonds gibt. Denn sie macht Wagniskapital verfügbar für Gründerinnen und Gründer, die nicht immer dem gleichen Muster entsprechen: weiße Sneaker, blaues Hemd, Privatuniabschluss, männlich. Und im Nachhinein sah auch ich ein, dass wir in unserer Sturm-und-Drang-Zeit oft nicht einfach waren. Der Chef, Herr Bendisch, hat uns nicht nur immer alles gewissenhaft erklärt, sondern blieb cool. Die IBB und ihre Beteiligungsgesellschaft sind sicherlich etwas altmodisch, aber waren immer fair zu uns.

Ich wollte es trotzdem anders machen, näher bei den Gründern sein. Denn die meisten Wagniskapitalgeber in Deutschland finanzieren zwar Unternehmerinnen und Unternehmer, waren es selbst aber nie. Die meisten haben als Banker oder Berater Karriere gemacht und wissen viel über Zahlen, aber vom Gründen wenig.

Deswegen wollte ich mich einlesen, was es eigentlich heißt, einen Wagniskapitalgeber für Start-ups zu gründen. Und fand – gar nichts. Über jede Fußkrankheit findet man mehr Informationen im Internet! Aber das Vertragswerk für einen Start-up-Geldgeber ist Geheimwissen. Im Endeffekt sind Gesetzestexte wie Softwarecode – sie sind logisch aufgebaut. Aber während viele Softwareprogramme mittlerweile online frei verfügbar sind, sollte ein einfacher Vertragstext, um als Fonds zu starten, etwa 150 000 Euro kosten. Das ärgerte mich. Ich überlegte, wie man so etwas günstiger und vor allem einfacher anbieten könnte.

Gleichzeitig ging 2017 der Bitcoin-Boom los – alle redeten über das Thema. Meine Uber-Fahrer sprachen mich schon auf ihre Bitcoin-Wetten an. Eine Familie verkaufte ihr gesamtes Hab und Gut und steckte es in Bitcoin. Der Hype nervte mich ziemlich, und ich wollte damit möglichst nichts zu tun haben – ich hatte ohnehin nicht genug Geld für große Wetten.

Doch abseits des ganzen Trubels gab es gerade in Berlin eine Szene von talentierten Köpfen, die an eine grundlegende Veränderung des Finanzsystems glaubte und daran arbeitete. Und dort hatte meine Idee ihren Platz. Einen dieser Menschen hatte ich bereits 2013 auf einer Konferenz in Berlin kennen gelernt. Bruce Pon war damals Gründer des Unternehmens, aus dem später das Blockchain-Start-up Ocean Protocol entstehen sollte. Wir sind über die Jahre in Kontakt geblieben, und ich schätze ihn sehr. Er spekulierte nicht mit Bitcoins, sondern tüftelte an der Technologie dahinter, der Blockchain. Durch ihn erfuhr ich viel über das Thema. Der Grundgedanke der Blockchain war es, nicht bloß Informationen bei einer Bank oder einem Unternehmen zu speichern, sondern auf vielen einzelnen Computern.

Bislang gab es viele Mittelsmänner, von denen man im normalen Leben gar nicht so viel mitbekommt. Bei Banken gibt es etwa einige Unternehmen in der Wertschöpfungskette, die genauso wie ein Notar nur ihren Stempel – im übertragenen Sinne – auf ein Dokument setzten. Die Blockchain könnte etwa als digitales Grundbuch dienen. Die Besitzverhältnisse würden unverfälschbar dokumentiert auf vielen verschiedenen Computern im Netz – und würden den Deal bestätigen. Das wäre günstiger, schneller und sicherer als die bisherige Vorgehensweise.

Was sich erst einmal langweilig anhört, kann in der Zukunft große Auswirkungen haben. Demnach braucht es keine langen und komplizierten Verträge mehr, sondern ich könnte die Blockchain nutzen, um ein Start-up-Investor zu werden – und jeder könnte mitmachen und sich daran beteiligen, er müsste einfach einen Teil davon kaufen, einen sogenannten Token.

Ich erzählte Ludger und seinem Geschäftspartner Michael von dieser Idee. Ich war mit Ludger in Kontakt geblieben, er war immer noch mein Mentor. Wir saßen in einem Café in der Nähe vom

Tiergarten in Berlin. Ich war etwas nervös, denn der Rat der beiden war mir extrem wichtig. Sie hörten gespannt zu, was ich von meinen Gedanken über die Blockchain erzählte. Ludger machte eine kurze Pause und sagte dann: »Du bist da an was dran, das merke ich.« Und plötzlich sprachen die beiden davon, dass sie in mein Unternehmen investieren wollten. Ich verstand die Welt nicht mehr. Noch gab es nichts, keine Firma, kein richtiges Konzept. Einfach nur meine Gedanken. Jahrelang hatte ich um jeden Euro gebettelt. Und jetzt wollten sie mir einfach 50 000 Euro geben. Doch ich wollte sie nicht davon abhalten. Ich merkte sofort: Dieses Mal wird alles anders.

Einige Wochen später traf ich dann auch noch meinen alten Freund Bruce von Ocean Protocol. Meine Idee hatte sich seit dem Treffen mit Ludger und Michael weiterentwickelt. Ich wollte jungen Unternehmen helfen, sich eine Finanzierung per Blockchain zu holen. Wie früher die Bank einen Börsengang vorbereitete, so waren wir jetzt da und würden diesen Blockchain-Börsengang technisch vorbereiten. Ob wir auch »KYC« machen würden, fragte Bruce. Ich sagte nur schnell: »Klar.« So richtig war mir nicht bewusst, was dort alles dranhing – aber dass wir es ohnehin machen mussten. »Know your customer«, bedeutet die Pflicht der Banken, aber auch der Start-ups, die Geld einsammeln wollen, zu wissen, um wen es sich bei dem Gegenüber eigentlich handelt. Was sich erst einmal einfach anhört, ist komplex: Denn jedes Land hat andere Pässe, andere Gesetze – und ich muss irgendwie mein Gegenüber, das möglicherweise am anderen Ende der Welt sitzt, zweifelsfrei identifizieren – das war der Job.

Ich schlug mit Bruce ein. Das war der nächste Glücksgriff, den meine Erfahrungen aus den Jahren davor ermöglichten. Mein neues Start-up hatte Geld von Ludger und Michael erhalten – und es gab einen ersten großen Kunden, der uns gleich bezahlen würde. Und zwar nicht zu knapp. Die Aufgabe war groß, doch mit dem Start des Unternehmens sollten wir bereits einen sechsstelligen Umsatz sicher haben. Es fühlte sich plötzlich nicht mehr so an, als würde ich mit dem Auto über einen Feldweg fahren, in dem es ständig Schlaglöcher gab. Vielmehr hatte ich das Gefühl, ich führe auf einer Autobahn, auf der linken Spur. Alles klappte.

Endlich spürte ich auch, wofür ich die schweren Jahre durchlebt hatte. Ich kannte die Probleme, ich wusste, wie man verhandelt – und ich ahnte, an welcher Stelle man den Vertrag aufschlagen muss, um zu überprüfen, ob alles stimmt. Ich kannte die Codes der Geschäftswelt, wusste, wann ich den direkten Konflikt suchen musste – und wann ich lieber sagte: »Ach, lass mal gut sein.« Und meinen Ärger herunterschluckte.

Monat für Monat nahm mein neues Start-up mehr Form an. Es heißt Fractal. Was wir heute machen? Wenn die Identität von jemandem im Internet festgestellt werden muss, um mit Krypto-Währungen zu handeln oder online ein Konto zu eröffnen, dann hilft unsere Technologie. Der erste Auftrag hatte uns geholfen, das Geschäftsmodell und die wichtige Technologie zu entwickeln.

Bekannte Geldgeber haben sich bei uns beteiligt, wie der Konzern Innogy oder der Wagniskapitalgeber Coparion. Schon beim Start stiegen wir mit der Bewertung auf einem völlig anderen Level ein. Wir waren schnell 20 Leute in Berlin, Porto und eine Mitarbeiterin in Singapur. Wir waren plötzlich eine internationale Firma, zu Kundenterminen fliege ich auf die Philippinen oder nach Zypern. Wenn ich morgens in das Büro in Kreuzberg komme, denke ich: ›Zusammen mit meinen Unternehmen bin ich erwachsen geworden.‹ Ich konnte Fehler aus der Anfangszeit wieder gut machen. Es nagt bis heute an mir, dass ich bei Stilnest keine Mitgründerin gefunden hatte, sondern wir fünf Jungs waren, die ein Schmuck-Start-up aufgebaut haben. Heute ist Nele Teil des Gründerteams

›Zusammen
mit meinen
Unternehmen
bin ich erwachsen
geworden.‹

und Vertriebschefin. Früher hat sie bei Google gearbeitet. Außerdem habe ich gelernt, wie wichtig die Nachfrage und das Kundenfeedback sind – und so konnte ich unser Produkt immer schnell wieder anpassen. Jeder Tag ist anstrengend, und es gibt sie immer noch: die extremen Aufs und Abs. Aber das ist okay.

Ich habe noch eine weitere Erfahrung gemacht, nämlich wie eine partnerschaftliche Zusammenarbeit mit Investoren funktioniert. Der Manager, der heute für mich zuständig ist, hat selbst gegründet und weiß wie es ist. Ich spüre sein Vertrauen, bekomme aber auch manchmal den nötigen Arschtritt. Ein anderer Investor ist nicht viel älter als ich, kennt aber die Fallstricke in seinem Unternehmen und hat schon das ein oder andere Investment gegen interne Widerstände durchgefochten.

So wenig Geld wie zu unserer Anfangsphase bei Stilnest hatten wir nie. Dennoch bringt jedes neue Level seine eigenen Herausforderungen. Und bei den Start-ups ist es wie in der Forschung: Es liegt in der Natur der Dinge, dass manche Experimente nicht den Durchbruch bringen. In den ersten zwölf Monaten kamen wir mit Fractal auf die erste Million Umsatz. Auch wenn wir früh großen Erfolg hatten: Jetzt müssen wir uns langfristig am Markt festsetzen.

Die deutsche Start-up-Szene hat sich seit meiner ersten Gründung auch extrem weiterentwickelt. Die Leute handeln professioneller und gehen anders mit ihren Gründerinnen und Gründern um. Die meisten sind fairer und freundlicher, weil sie wissen, dass sie sonst nicht mehr bei den richtig aussichtsreichen Unternehmen investieren dürfen. Der Markt hat sich gedreht. Es gibt mittlerweile mehr Geldgeber und mehr Geld, das nach den guten Ideen suchen muss.

Abseits meines Start-ups hatte ich persönlich großes Glück. 2019 habe ich Marie geheiratet, und Raoul war mein Trauzeuge. In dieser ruckeligen Gründungszeit stand die Beziehung zu den zwei wichtigsten Menschen in meinem Leben mehrfach auf dem Spiel, deswegen war ich umso glücklicher, als wir vor dem Standesamt in Schöneberg standen und später eine große Party feierten. Selbst meine Gasteltern waren aus Alaska eingeflogen.

Wir Stilnest-Gründer sehen uns noch, reden und trinken Bier, auch wenn das seltener geworden ist. Es ist alles nicht mehr so wild wie damals in der Anfangszeit. Raoul arbeitet noch immer für das Start-up, das sich zuerst mit Virtual Reality beschäftigt hat und mittlerweile Video-Technologie für Webseiten wie Focus.de entwickelt. Und wir machen manchmal immer noch unüberlegte Sachen.

Michi hat mit einem Energiekonzern im Rücken ein neues Start-up gegründet. Eigensonne verkauft Solarpaneele, die man sich auf das Hausdach montieren kann – und dann selbst zum Stromproduzenten wird. Seine Firma beschäftigt nach zwei Jahren 100 Mitarbeiterinnen und Mitarbeiter. Mike, der kurz vor Raoul bei Stilnest ausgestiegen ist, schreibt gerade seine Doktorarbeit in Kanada zum Thema Künstliche Intelligenz und arbeitet parallel die Hälfte seiner Zeit bei Google als Forscher in Kalifornien.

Und Stilnest?

Tim und Flo sind immer noch dabei. Das Geschäft läuft. Es erfüllt mich immer noch mit Freude, dass es weitergegangen ist. Das haben wir den beiden zu verdanken. Wir hätten uns damals anders aussprechen müssen – und der Streit mit Tim wäre uns erspart geblieben. Daran trage ich eine Mitschuld.

Wenn ich heute auf Stilnest schaue, bin ich stolz auf das, was wir erreicht haben. Anders als die meisten unserer Konkurrenten, produziert Stilnest nicht billig im Ausland und auf Masse. Stattdessen wird in Pforzheim nachhaltig auf Bestellung gefertigt. Flo legt auf die Qualität der Produkte enormen Wert. Und heute noch springe ich vehement dazwischen, wenn sich jemand über Influencer lustig macht: Denn ich habe enormen Respekt für die Disziplin und den Unternehmergeist der Frauen und Männer, mit denen wir zusammengearbeitet haben.

Ich bin stolz darauf, dass wir einigen helfen konnten, ihr Geschäft weiter auszubauen.

Dass es Stilnest geschafft hat (und das kann man mittlerweile so sagen), haben wir trotz allem auch unseren Investoren zu verdanken, die uns eine Chance gaben.

Ich wollte ein ehrliches Buch schreiben und dazu gehört es auch, über Geld zu sprechen. Mittlerweile bin ich 31 Jahre alt und habe über Anteilsverkäufe knapp über 100 000 Euro als Unternehmer verdient. Einiges davon habe ich wieder in Stilnest investiert. Mein Anteil in Stilnest ist schwierig zu bewerten und erst dann etwas Wert, wenn das Unternehmen verkauft wird. Zusammen mit Fractal stehen auf dem Papier über eine Million Euro. Aber davon kann ich mir noch nichts kaufen und für mich macht es auch keinen Unterschied. Denn auch wenn es entschieden weniger wäre, würde ich mich nicht anders entscheiden. Das Gefühl, etwas aufzubauen, selbst verantwortlich zu sein und mit spannenden Menschen zusammen zu arbeiten, möchte ich für kein Gehalt der Welt missen.

Was ich machen werde, wenn irgendwann mal ein Exit ansteht? Ich könnte mir eine Auszeit gönnen, ein Sabbatical machen, eine Weltreise oder auch einfach nichts. Ich könnte das Geld in Aktien investieren, einen Porsche oder eine Kunstsammlung kaufen. Aber so viel dürfte wahrscheinlich mittlerweile klar sein: So ticke ich nicht. Sollte ich das Geld wirklich bekommen, würde ich es in neue Projekte stecken. Einmal Unternehmer, immer Unternehmer.

NICHT MEHR KURZ VOR DER ARMUT

Fünf Jahre nach meinem Interview mit *Zeit Campus* habe ich die gleichen Fragen noch einmal beantwortet. Ich führe kein Leben am Limit mehr. Ich verdiene ausreichend Geld, auch wenn die Menschen, die mit mir bei der Deutschen Bank zusammen angefangen haben, wahrscheinlich das Doppelte erhalten. Ich besitze jetzt einen Mac und ein iPhone und achte auf gute Lebensmittel.

WIE VIEL VERDIENEN SIE IM MONAT?
5 000 Euro brutto.

WOFÜR GEBEN SIE IHR GELD AUS?
Ich habe die üblichen Kosten für Wohnen, Nebenkosten, Handy und Reisen. Digitalabos wie Netflix, Spotify und Amazon ersetzen bei mir das Fernsehen. Ich habe kein Auto, dafür gehen 50 Euro und mehr für Uber-Fahrten drauf. Ich gehe mittags essen und übernehme ab und zu die Rechnung von Kollegen. Ich zahle noch meinen Studienkredit ab mit 160 Euro pro Monat. Meine letzte Anschaffung war ein Gaming-Rechner, völlig überflüssig, denn zum Spielen komme ich gar nicht.

SIND SIE ZUFRIEDEN MIT DEM EINKOMMEN?
Ja, ansonsten würde ich es mir erhöhen.

BEI WELCHEN DINGEN SIND SIE GEIZIG?
Bei Zusatzversicherungen: Die braucht kein Mensch. Auch bei Finanz- und Versicherungsprodukten: Da zahlt man meistens in den ersten Jahren nur die Vermittlungsprovision.

FÜR WAS GEBEN SIE MEHR ALS NÖTIG AUS?
Ich schaue beim Lebensmitteleinkauf nicht auf den Preis, gehe aber auch nicht in die Feinkostabteilung.

EPILOG

Der Millionärsformel, die ich in den Geschichten von Elon Musk und Mark Zuckerberg gesucht habe, bin ich noch nicht näher gekommen. Vielleicht auch deswegen, weil ich gemerkt habe, dass es nicht das war, was ich suchte. Aber ich habe kürzlich dann doch noch zwei berühmte Vorbilder gefunden. Beide waren praktisch vor meiner Nase, aber ich habe sie lange nicht gesehen. Sie sind in den Wirtschaftsmedien nicht mehr vertreten – weil sie beide tot sind.

Die erste Person ist an dem Ort meiner Kindheit zu finden. Man würde nicht erwarten, in Paderborn auf die Geschichte eines High-Tech-Gründers zu stoßen, in der Stadt, in der ich 2008 mein Abitur ablegte. Die Geschichte hört sich sehr abwegig an. Das Unternehmen lieferte sich vor Jahren ein Kopf-an-Kopf-Rennen mit dem Weltkonzern IBM – und verlor schließlich. Sonst wäre Paderborn heute eine Art Silicon Valley. Also vielleicht.

Natürlich war ich das ein oder andere Mal über Nixdorf gestolpert. Schließlich sah ich an Kassen oder Geldautomaten regelmäßig das Logo, das mich an meine Heimat erinnerte. Aber erst als ich schon lange Unternehmer war, wurde mir bewusst, was dahinter für eine unglaubliche Geschichte steckte: Ich war in die US-Botschaft eingeladen, um zusammen mit dem Wirtschaftsattaché über den Unterschied zwischen Gründern in den USA und Deutschland zu diskutieren. Er war vielleicht 30 Jahre älter als ich und vor seiner Karriere im Diplomatendienst ein erfolgreicher Tech-Unternehmer gewesen. Er fragte mich beiläufig, wo ich denn herkäme. Als ich Paderborn sagte, nickte er wissend. Zu meiner großen Überraschung kannte er nicht nur die Stadt, sondern war selbst häufig beruflich da gewesen. »That was some time ago«, sagte er. Es ging um Nixdorf.

KEINHORN

Bereits 1952 hatte der Unternehmer Heinz Nixdorf die Firma »Labor für Impulstechnik« eintragen lassen. Mit dem ersten Kunden RWE und dem Versprechen, einfache mathematische Rechenaufgaben maschinell zu lösen, startete Nixdorf sein Unternehmen. Sein Kunde wurde gleichzeitig sein Investor, denn RWE finanzierte die Produktentwicklung vor und überließ ihm Arbeitsräume in Essen.

Die Firma wuchs für damalige Verhältnisse rasant, nahm immer mehr Produkte ins Sortiment und stieg schließlich ins Geschäft für sogenannte Mainframe-Computer ein. Die Server von IBM waren zu der Zeit nur für Großunternehmen erschwinglich. Nixdorf erkannte die Chance und baute Computer für den Einsatz direkt am Schreibtisch der Mitarbeiter. Das Unternehmen wuchs auf mehrere tausend Mitarbeiter und verkaufte seine Produkte überall auf der Welt. Sogar in den USA und Japan machte sich Nixdorf in den 70er und 80er Jahren des 20. Jahrhunderts einen Namen.

Aber der deutsche Gründer verpasste es, das Unternehmen unabhängig von ihm aufzubauen. In dem Glauben, noch etliche Jahre bis zur Unternehmensübergabe zu haben, starb Heinz Nixdorf überraschend. Es war ein Schock für das Unternehmen. Mitten auf der Computermesse Cebit klappte er zusammen – und erlag einem Herzinfarkt. Ohne den Chef ging es unter neuer Führung noch ein Jahr bergauf, dann stürzte die Firma ab. Zwei Jahre später schon übernahm Siemens das Unternehmen. Die verschiedenen Sparten wurden aufgeteilt. Die späteren Eigentümer stutzten das Unternehmen zurecht und verkauften es weiter. Vom Unternehmen Nixdorf ist heute nicht viel mehr übrig als das größte Computermuseum der Welt, der Sportpark und das Kolleg, das Heinz Nixdorf erbauen ließ. Nur auf manchen Geldautomaten steht bis heute noch der Name.

Ein Konkurrent aus den USA zeigte, wie es anders gehen kann:

EPILOG

Ein paar Jahre nach Nixdorf wurde in den USA Fairchild Semiconductors gegründet. Das Unternehmen wurde 1957 von den »verräterischen Acht« gegründet – früheren Mitarbeitern des Halbleiter-Pioniers William Shockley, die es wagten, ein eigenes Unternehmen aufzubauen, und damit Erfolg hatten. Die Acht gründeten später das internationale Chipunternehmen Intel und den Wagniskapitalgeber Kleiner Perkins. Noch heute kann man fast jedes bekannte Tech-Unternehmen mit Fairchild in Verbindung bringen. Die Gründer legten den Grundstein für das berühmte Silicon Valley. Auch die Geschichte von Nixdorf hätte so enden können.

Nixdorf ist ein Vorbild für mich, weil er so hart für seine Vision gearbeitet hat. Er galt als nüchtern und sehr fokussiert auf sein Geschäft. Eine Ehrendoktorwürde der Uni Paderborn, der er maßgeblich beim Aufbau geholfen hatte, lehnte er ab. Der millionenschwere Gründer wohnte in einem einfachen Bungalow am Stadtrand von Paderborn.

Ab und zu äußerte er sich auch zu gesellschaftlichen Themen, die ihm wichtig waren. Nixdorf selbst kam aus ärmlichen Verhältnissen, die Trostlosigkeit während der Arbeitslosigkeit seines Vaters hatte ihn geprägt. Daraus resultierte für Nixdorf der unbedingte gesellschaftliche Auftrag des Unternehmers, für gute Arbeitsplätze zu sorgen.

Heinz Nixdorf war ein Unternehmer, der für den deutschen Weg der sozialen Marktwirtschaft steht wie kein Zweiter. Er zahlte Gehälter deutlich über den üblichen Löhnen. Dafür erwartete er Disziplin, Pünktlichkeit und einen unternehmerischen Einsatz für die Firma. Jeder zehnte Mitarbeiter absolvierte eine Ausbildung. Nixdorf baute für seine Leute eine Bildungsstätte und einen Sportpark zum Arbeitsausgleich. Work-Life-Balance würde man heute wohl sagen. Wurde eine Mitarbeiterin Mutter, bekam sie eine Prämie; alleinstehende Mütter bekamen sogar die doppelte Summe. Wie progressiv Nixdorf die Arbeitsumgebung gestaltete, wird erst deutlich, wenn man bedenkt, dass all das fünfzig Jahre zurückliegt.

Der Paderborner hat mir klar gemacht, dass wir in Europa eine andere Herangehensweise an Gründungen haben. Viele deutsche Manager und Managerinnen pilgern heutzutage nach Kalifornien und plappern dann die Binsenweisheiten der Tech-Mogule nach. Dabei bräuchten wir eine Alternative zum Monopolkapitalismus des Silicon Valleys, der Reiche noch reicher und Arme noch ärmer machte. Was machen wir, wenn keine Taxifahrer mehr nötig sind, weil Maschinen das Steuer übernommen haben – und es nicht mehr genug Arbeit für alle gibt? Und ist eine Gesellschaft wirklich erstrebenswert, in der zwar das Pro-Kopf-Einkommen so hoch ist wie sonst nirgends, aber es trotzdem viele Abgehängte gibt? Denen die Zähne im Mund verfaulen oder die im Auto schlafen müssen, weil eine Wohnung zu teuer ist? Ich glaube, Nixdorf hätte eine Antwort gehabt.

Die zweite Person hat mit meinem Studium zu tun: Ferdinand Graf von Zeppelin war ein ungewöhnlicher Unternehmer, dessen Karriereweg standesgemäß wohl eher im Militär vorgezeichnet war. Stattdessen investierte er sein ganzes Vermögen in die Entwicklung eines neuartigen Fortbewegungsmittels in der Luft, das er Luftschiff nannte. Wir kennen es unter dem Namen Zeppelin.

Um zu verstehen, wie verwegen Zeppelins Plan war, muss man sich bewusst werden, dass er Flugschiffe nicht als Alternative zu Flugzeugen entwickelte, sondern parallel zur Entwicklung der ersten Flugzeuge aufbaute. »Für mich steht naturgemäß niemand ein, weil keiner den Sprung ins Dunkel wagen will. Aber mein Ziel ist klar und meine Berechnungen sind richtig«, sagte damals Zeppelin, der nicht nur sein Vermögen, sondern auch seine Reputation in die Waagschale warf und lange als »der Narr vom Bodensee« verspottet wurde.

Heute nutzen wir keine Luftschiffe mehr. Das Ende des Zeppelins wurde spätestens in Lakehurst mit der Hindenburg-Katastrophe 20 Jahre nach dem Tod des Grafen besiegelt, als das bis dahin größte Luftschiff zu brennen anfing und als riesiger Feuerball auf die Erde aufschlug. Der Ruf der neuen Technologie war nachhaltig ruiniert.

Soweit kennen die meisten – wenn überhaupt – die Geschichte. Aber dabei geraten entscheidende Details oft in Vergessenheit.

Der Graf musste mit harten Rückschlägen umgehen. Über Jahre gelang es ihm nicht, weitere Geldgeber zu überzeugen, und so steckte er fast sein gesamtes Geld in die Entwicklung. Nach langer Entwicklungsarbeit und ersten erfolgreichen Flugversuchen wandelte sich das öffentliche Interesse. Mit Begeisterung verfolgte die Bevölkerung den ersten 24-Stunden-Flug. Dieser war Voraussetzung, damit Zeppelin sein Gefährt an die Armee verkaufen konnte. Doch es kam ebenfalls zu einem Unglück, bei dem der gerade gelandete Zeppelin Feuer fing. Das wäre eigentlich das Aus für den Grafen gewesen.

Doch noch an der Unfallstelle fingen Bürger an, Spenden für den Grafen zu sammeln. Regionale Zeitungen griffen die Spendenaufrufe auf, und mehr als 10 Million Mark wurden gesammelt, zuvor hatte er nur eine Million. Der Zeppelin war gerettet. Und der Graf hatte eines der ersten erfolgreichen Crowdfundings Deutschlands abgeschlossen. Mit Hilfe der Bürger machte der Graf weiter.

Er erkannte aber auch, dass die Zulieferbetriebe für die benötigten Zahnräder und Bauteile des Zeppelins über ihren eigentlichen Zweck hinaus erfolgreich waren und auch der Flugzeugbau erfolgversprechend war. Graf Zeppelin konnte mit dem Luftschiff nicht den kommerziellen Durchbruch feiern, den er sich erhofft hatte. Sein Schaffen ist trotzdem ein Lehrstück, wie mutige Ideen uns an unerwarteten Stellen weiterbringen können.

Es zeigt mir wieder einen wichtigen Unterschied zum Mythos des genialen Gründers, der alles allein schafft. Die wirklich großen Würfe benötigen unsere kollektive Unterstützung. Zeppelin wusste das auch, denn die Unternehmung wurde in eine Stiftung eingebracht, die sich dem Wohl der Bürger Friedrichshafens verpflichtet hat. Seitdem hat sich die Stiftung gut entwickelt. Aus der Zahnradfabrik, die sich nur noch ZF nennt, ist ein Automobilzulieferer geworden, der beim autonomen Fahren ganz weit vorn ist. Die Zeppelin GmbH baut heute alles von schwerem Baugerät bis zu Kraftwerken.

Die Unternehmen der Stiftung erwirtschaften einen jährlichen Umsatz, mit dem sie locker im Dax gelistet wären, ohne dass eine Unternehmerfamilie sich als letzter Hüter wirtschaftlicher Nachhaltigkeit aufspielen muss. Die Stiftung wirtschaftet seit mehr als 100 Jahren, unterstützt die öffentlichen Einrichtungen im Kreis und finanziert die Zeppelin Universität, dessen Student ich sein durfte.

Im erzkonservativen Bodenseekreis ist ein fast schon sozialistisches Projekt zugange: Zwei Weltkonzerne mit Milliardenumsatz gehören ihren Bürgern. Die Löhne für Aushilfsarbeiter am Band sind mit 35 Euro pro Stunde so hoch, dass wir als Start-up in der Region keine Mitarbeiterinnen oder Mitarbeiter finden konnten. Den Menschen geht es zu gut – im besten Sinne. Die öffentlichen Einrichtungen sind gut ausgestattet und für zusätzliche Förderung der Schulen kann sich die Stadt auf die Stiftung verlassen. Aber die Kehrwoche wird immer noch jeden Samstagnachmittag erledigt. Da geht man in Friedrichshafen am Bodensee auf Nummer sicher!

EPILOG

Was könnte unser neues Zeppelin-Projekt sein? Sicher ist, dass wir nicht wüssten, wohin es uns bringen würde. Wie bei Zeppelin im Großen oder bei Stilnest im Kleinen zu sehen ist, führt der Weg nicht dorthin, wo wir anfangs dachten. In jedem Scheitern steckt die Möglichkeit, dass es doch nicht das Ende ist, sondern erst der Anfang von etwas, das die Chance hat, noch erfolgreicher zu sein, als es die erste Idee je hätte werden können. Aber dafür braucht es Vertrauen. Vertrauen, wie es die Bürger der Stadt Friedrichshafen in Graf Zeppelin hatten.

DIESE GESCHICHTE HAT KEIN ENDE

DIESE GESCHICHTE HAT KEIN ENDE

Es war mein Ziel, mit dieser Geschichte Einblicke in ein ganz normales Start-up zu geben – einfach mal die Tür zu öffnen. Als würdet ihr durch Berlin laufen und wahllos in ein Büro reingehen und den Gründer oder die Gründerin nach der eigenen Geschichte ausfragen. Über Monate würdet ihr euch regelmäßig mit dem Unternehmer treffen und in sein Leben eintauchen, seine Wut spüren, seine Trauer nachempfinden und sein Lachen sehen, wenn er erzählt, wie verrückt diese Zeit eigentlich war. So habe ich es mit meinem Mitautor Caspar gemacht. Wir saßen in Hipster-Cafés wie dem Spreegold am Alexanderplatz, morgens um acht. Unsere Müdigkeit war nicht zu übersehen, bis das Koffein von einem großen Cappuccino in unserem Körper angekommen war. Es war lustig und gleichzeitig anstrengend, alles noch einmal zu durchleben.

Mir ist bewusst, dass meine Geschichte nicht aus der Reihe fällt und genauso besonders ist wie fast jede Unternehmererzählung. Meine Story steht stellvertretend für viele Gründer, sie ist ein Beispiel für die vielen Zwischentöne des Lebens. Ich hoffe, dass sie andere Menschen ermutigt, über »ihr Business« zu sprechen. Ungeschönt, ehrlich, unterhaltsam – und lehrreich.

Als die Corona-Krise über Deutschland hereinbrach, meldeten sich weit mehr als 150 000 Kleinunternehmer bei der Investitionsbank Berlin, um Staatshilfen zu bekommen. Als ich die Zahl auf meinem Bildschirm sah, war ich völlig baff. Nach einem kurzen Schock wurde mir bewusst: Du bist nicht allein. Abseits der Start-up-Blase in Berlin gibt es unzählige Menschen mit ähnlichen Sorgen und Nöten in Krisenzeiten wie diesen. Sie schätzen ihre Selbstbestimmtheit genauso wie ich es als Unternehmer tue. Uns plagen alle die gleichen Fragen: Was passiert mit den Mitarbeiterinnen und Mitarbeitern, die sich auf uns verlassen? Wie geht das Leben für uns und unsere Unternehmen weiter? Gründer zu sein, das ist kein gemütliches Leben, hat ein Bekannter mal zu mir gesagt. Und in diesen Tagen wird mir das noch einmal sehr bewusst.

In der aktuellen Krise merke ich, diese schwierigen Umstände habe ich schon oft gefühlt, zum Beispiel als eine Finanzierungsrunde auf der Kippe stand. Ich will nicht sagen, dass die Krise spurlos an mir vorbeigeht. Doch ich kenne die Situation – nur mit anderen Vorzeichen und anderen Summen.

Situationen, die ich als Start-up-Gründer oft erlebt habe, werden nun auch für viele etablierte und gutlaufende Unternehmen zur Realität. Sie müssen ihr Geschäftsmodell hinterfragen, sie müssen kreativ handeln, um zu überleben. Dieser Druck, so pervers es klingen mag, hat ein unglaubliches Potenzial für die Zukunft. In Krisenzeiten kommen Menschen auf die besten Ideen und es werden die erfolgreichsten Unternehmen in ihnen gegründet, heißt es oft. Der Moment ist wieder da.

Meine Geschichte kann kein Ende haben, denn wir kämpfen aktuell mit meinem Start-up Fractal, wie so viele andere auch, ums Überleben. Die Mitarbeiter sind in Kurzarbeit und wir bemühen uns um eine neue Finanzierung. Ich weiß nicht, wie die Geschichte ausgegangen sein wird, wenn das Buch herauskommt.

Vielleicht bin ich schon wieder auf Los gezogen oder ich stehe als Chef eines gutlaufenden Unternehmens da. Oder wir konnten unser Start-up verkaufen und ihm mithilfe eines Konzerns neue Perspektiven geben. Wie es endet? Ich weiß es nicht.

Was mir wichtig ist: Ich weiß, dass einige Personen sich in dieser Geschichte nicht wiederfinden. Denn es ist meine persönliche Sichtweise. Wir haben mit den wichtigen Beteiligten für das Buch gesprochen, versucht, ihre Perspektive in die Erzählung mit reinzubringen. Komplett gelungen ist uns das sicherlich nicht. Alte Wunden wurden aufgerissen, das lässt sich leider nicht vermeiden. Gerade Krisen noch einmal zu sezieren, tut immer weh. Auch mir hat es weh getan, doch es hatte auch etwas Heilsames.

Es bleibt mir nur, mich zu bedanken bei denen, die mitgemacht haben. Raoul, auf den ich mich als Freund verlassen kann, und meine Stilnest-Mitgründer. Marie, meine schärfste Kritikerin und größte Unterstützerin, die mit ihrer ironischen Art meine Geschichte auseinandergenommen hat. Caspars Freundin Lisa, die mehr als 1000 Anmerkungen hatte und auf den Buchtitel gekommen ist. Unserem Verlag Campus, unserem Agenten Felix und Anne Hansen, die mit Caspar die Idee für das Buch entwickelt hat. Neben anderen, die hier nicht genannt werden können, auch Dank an S., der mich vor einigen Jahren Caspar vorgestellt hat.

ÜBER DIE
AUTOREN

Sein erstes Start-up Stilnest gründete **JULIAN LEITLOFF** als Student mit 22 Jahren. Seine Idee: Schmuck im ᴾᴰ-Drucker herstellen. Für ᵢine Arbeit als Jungunternehmer wurde Leitloff in die »30 unter 30« des Wirtschaftsmagazins *Forbes* gewählt. Zuvor war er bei der Deutschen Bank tätig und forschte an der Zeppein Universität. Heute führt er das Fintech-Start-up Fractal, das er ebenfalls gegründet hat.

Foto: Leah Kunz

Co-Autor **CASPAR TOBIAS SCHLENK** besuchte die Kölner Journalistenschule und studierte nebenbei Volkswirtschaftslehre. Der 32-Jährige ist Redakteur bei *Finance Forward*, einem Finanzportal der beiden Medien *Capital* und *OMR*. In den Jahren davor berichtete er beim Online-Magazin *Gründerszene* über die deutsche Digital-Wirtschaft. Zuvor hat er freiberuflich unter anderem für *Die Zeit, Wirtschaftswoche, t3n* und das *Handelsblatt* gearbeitet.

Die beiden Autoren lernten sich kennen, als Schlenk einen Artikel für *Zeit Campus* recherchierte – darin legte Leitloff seine damaligen Finanzen und sein Gehalt offen (S. 123). Sie blieben über die Jahre in Kontakt und entwickelten zusammen die Idee, eine ehrliche Gründergeschichte aufzuschreiben. Über zwei Jahre trafen sie sich morgens um acht Uhr im Spreegold am Alexanderplatz, um am Buch zu arbeiten. Beide leben und arbeiten in Berlin.

Manfred Tropper
Vertrauen
Wie dein Business von echten
Partnerschaften profitiert

2020. 256 Seiten. Kartoniert

Auch als E-Book erhältlich

Gut für Langzeitbeziehungen

Als Angestellte eines Unternehmens oder auch als Externer
kommst Du schnell in Situationen, in denen du denkst: Das muss
doch auch anders gehen! Weshalb immer diese Grabenkämpfe,
dieses Heimlichtun und nach Vorteilen gieren, damit einer vorm
Chef oder der Öffentlichkeit gut dasteht? Und das sollst natürlich
niemals du sein. Ist klar. Aber Business ist kein Quickie! War es
noch nie und kann es unter VUCA-Bedingungen erst recht nicht
mehr sein. Manfred hat einen Weg gefunden, wie man Partner
gewinnt und mit ihnen fair und auf Augenhöhe zusammenarbeitet.
Durch Vertrauen. Klingt old-school? Überhaupt nicht. Vertrauen
ist der Grundstein für jede langfristige Beziehung. Und dann
kommt ihr gemeinsam von Silber zu Gold!

campus.de

Frankfurt. New York